LA NAPHTALINE

EN MÉDECINE ET EN AGRICULTURE.

LA NAPHTALINE

EN MÉDECINE ET EN AGRICULTURE.

ÉTUDE SPÉCIALE

DE SON ACTION PARASITICIDE

UTILISÉE POUR LA DESTRUCTION

DU

PHYLLOXERA

PAR

ERNEST FISCHER

DOCTEUR EN MÉDECINE

PRIVATDOCENT DE CHIRURGIE A LA FACULTÉ DE MÉDECINE

DE L'UNIVERSITÉ DE STRASBOURG.

PARIS
ERNEST LEROUX
28, RUE BONAPARTE, 28.

STRASBOURG
K. J. TRÜBNER
9, PLACE DE LA CATHÉDRALE, 9.

1882.

A MESSIEURS LES PROFESSEURS

HOPPE-SEYLER

ET

LÜCKE

Hommage respectueux

DE LEUR TRÈS DÉVOUÉ

E. FISCHER.

Les recherches que j'avais commencées dès le mois de septembre 1881, relativement à l'emploi de la naphtaline en médecine et en agriculture[1], ont été poursuivies et étendues depuis. Comme elles me paraissent avoir fourni des résultats assez importants, je les résume dans les pages suivantes.

[1] E. FISCHER, *Ein neues Antisepticum*. Article envoyé à la rédaction de la *Berliner klinische Wochenschrift*, le 1er novembre 1881, et publié dans cette gazette hebdomadaire la même année, n° 48, p. 710.

E. FISCHER, *Untersuchungen über die Wirkung des Naphtalin*. Article envoyé à la rédaction de la *Berliner klinische Wochenschrift*, le 5 janvier 1882, et publié dans cette gazette la même année, n° 8 et n° 9.

E. FISCHER, *Ueber den Wundverband mit Naphtalin*. Conférence faite à Berlin, le 3 juin 1882, à la quatrième séance du onzième congrès de la *Société allemande de Chirurgie*. Ce discours a été publié dans l'*Archiv für klinische Chirurgie* de Langenbeck, tome XXVIII, 2e livraison ; comparez aussi l'extrait qui en a paru dans le *Centralblatt für Chirurgie*, année 1882, n° 29 (supplément).

Après moi, le professeur FÜRBRINGER de Jéna, dans un article publié dans la *Berliner klinische Wochenschrift*, année 1882, n° 10, a traité de la naphtaline comme remède contre la gale, article intitulé *Naphtalin als Antiscabiosum*.

La naphtaline est un corps blanc cristallisé. C'est un hydrocarbure qui a pour formule $C^{10}H^{8}$, et qui en général est peu connu, les chimistes et les médecins en ayant négligé l'importance jusqu'à ce jour. Cependant tous les jours et presque partout, nous nous trouvons en sa présence, le plus souvent sans nous en douter. C'est un produit constant de la combustion des substances organiques, surtout si elles contiennent beaucoup d'eau. La fumée des cheminées et des locomotives, de même que celle du tabac, en contient des quantités considérables; la conservation de la viande par la fumigation repose. en partie du moins, sur l'action antiseptique de la naphtaline. Le goudron de houille en contient de grandes quantités; elle obstrue très souvent les conduits du gaz de l'éclairage. Aussi l'extrait on facilement et en grandes quantités des résidus de la fabrication du gaz.

Pour cette raison et à cause du peu d'usage qu'on en fait dans l'industrie, elle est à très bon marché. En 1820, GARDEN l'obtint pour la première fois, en l'extrayant du goudron de houille.

La naphtaline est volatile à n'importe quelle température; elle fond à 79°,2, et bout à 214° environ; à la

En outre, M. le Dr ANSCHÜTZ de Kœnigsberg a fait imprimer dans le *Centralblatt für Chirurgie*, année 1882, n° 32, et en tenant compte de mes publications, un article intitulé *Resultate einiger Versuche mit dem Naphtalinverbande*.

Enfin dans les tout derniers temps, M. le Dr Charles BONNING, sous l'inspiration de M. le professeur LÜCKE, a présenté à la Faculté de médecine de Strasbourg une thèse intitulée *Beiträge zur Naphtalinbehandlung*. Ce travail, encore inédit, réunit toutes les expériences faites avec la naphtaline comme remède à la clinique chirurgicale de Strasbourg, ainsi que dans les autres services de l'hôpital civil.

J'ai emprunté à tous ces travaux ce que j'ai cru nécessaire à l'exposé que je présente ici.

température ordinaire, elle a un poids spécifique d'à peu près 1,1. Elle est presque insoluble dans l'eau et dans les sérosités des plaies, de même que dans les solutions alcalines et les acides dilués; par contre, elle se dissout facilement dans l'éther, même à la température ordinaire, dans l'alcool chaud, dans l'acide sulfurique concentré et chauffé, et dans différentes huiles grasses et volatiles. A la température de 150°, elle sublime assez rapidement en paillettes minces. Les vapeurs d'eau l'entraînent facilement, en sorte qu'il n'est guère difficile d'en constater la présence, même en quantité minime, dans des solutions aqueuses, dans l'urine, dans les excréments, etc. La simple distillation de ces liquides suffit pour obtenir un dépôt distinct de paillettes de naphtaline à la surface de l'eau qui a passé dans le récipient, et sur les parois de l'allonge. S'agit-il de saturer rapidement de vapeurs de naphtaline une salle quelconque, par exemple une salle d'hôpital, soit dans un but de désinfection, pour y détruire les organismes microscopiques et en chasser les insectes qui pourraient s'y trouver, soit en vue de l'inhalation pour les malades, il n'y a qu'à y faire chauffer un vase rempli d'eau à laquelle on ajoute de la naphtaline; la vapeur de naphtaline se mêle bientôt en grandes quantités à l'air, et si l'on continue à chauffer, on la voit se déposer en partie sur les murs de l'appartement. On obtient le même résultat, mais plus lentement, en répandant des cristaux de naphtaline sur le sol.

La naphtaline est combustible et produit beaucoup de suie en brûlant; elle n'est pas plus inflammable que les habits, le papier, les meubles, etc. Elle a une odeur pénétrante, et son goût rappelle celui du goudron. La vapeur de naphtaline se mélange très facilement avec l'air atmosphérique; elle est également absorbée par les liquides aqueux, qui après avoir subi quelque temps son contact, en prennent distinctement l'odeur.

Pour reconnaître si une naphtaline contient des phénols, ce qui permet de juger de son degré de pureté, on emploie le procédé suivant que M. le Dr Gustave Schultz, *privat-docent* de chimie à Strasbourg, a bien voulu me communiquer : On mélange dans un tube à essai une solution de soude caustique très étendue d'eau, avec une petite quantité de naphtaline; après avoir chauffé jusqu'à ébullition, on laisse refroidir et on filtre. Si la naphtaline contient des phénols, ils passent par le filtre et sont en solution dans le liquide. On acidule légèrement ce dernier, puis on y ajoute une solution aqueuse de brome : la présence des phénols se constate alors par l'opalescence du liquide; s'il y en a de plus grandes quantités, il se forme un précipité blanc de phénol bromé. Comme j'avais trouvé des phénols dans toutes les naphtalines qui se rencontrent dans le commerce, je m'adressai à la maison Ohlgardt et Cie, à Kehl (Bade), en la priant de fabriquer de la naphtaline pure pour les besoins de la clinique chirurgicale de Strasbourg. Elle en fabriqua au prix de 1 fr. 25 le kilogr.

Pour constater la présence des bases de goudron, je me sers d'un procédé très commode qui m'a été communiqué par M. Ohlgardt. On fait dissoudre une certaine quantité de la naphtaline en question dans de l'alcool chaud, puis on laisse refroidir : les cristaux de naphtaline se déposent, et les bases de goudron surnagent sous forme d'une couche huileuse.

La naphtaline n'a d'effets toxiques, ni sur les animaux supérieurs, ni sur l'homme. Ils peuvent la respirer comme vapeur, ou la prendre directement comme remède, soit à l'extérieur, soit à l'intérieur, sans le moindre inconvénient. Il en est tout autrement pour les organismes inférieurs, végétaux et animaux (moisissures, ferments, schizomycètes, insectes, etc.), qui ne peuvent résister à l'action prolongée de la vapeur de naphtaline. La naphtaline est donc une substance antiseptique, et a été employée très souvent et avec avantage pour les pansements à la clinique chirurgicale de Strasbourg, depuis le mois de septembre 1881.

PREMIÈRE PARTIE.

Emploi de la naphtaline en médecine.

Déjà en 1842 la naphtaline fut recommandée comme remède par Rossignon. N'ayant pu me procurer la publication de cet auteur, j'en donne le contenu d'après un extrait qui a paru dans l'*Annuaire de thérapeutique, de matière médicale, de pharmacie et de toxicologie pour 1843*, p. 64 (Paris 1843):

«Naphtaline, son emploi médical (Rossignon).
Suivant M. Rossignon, la naphtaline possède beaucoup des propriétés physiques et physiologiques du camphre. Elle peut le remplacer dans l'art de guérir, et même être utilisée avec avantage pour détruire les insectes dans les engrais pulvérulents et dans quelques terres, emploi pour lequel le camphre, en raison de son prix trop élevé, n'aurait pu être mis à profit. La naphtaline, amenée à l'état de pureté absolue, peut aujourd'hui être donnée à 3 francs les 500 grammes; elle se dissout facilement dans l'alcool faible, et forme ainsi un alcoolé qui a

toutes les propriétés de l'eau-de-vie camphrée, sans coûter la moitié du prix de cette dernière.

« La médecine vétérinaire et même la médecine humaine, doivent donc trouver dans cette substance une ressource véritablement avantageuse. En outre, la naphtaline s'associe parfaitement aux corps gras, et les pommades ainsi obtenues peuvent être employées en frictions dans les cas de contusions, d'entorses, etc. Donnée à l'intérieur, la naphtaline produit d'excellents effets dans les affections vermineuses. Déjà même on a remplacé le camphre par la naphtaline, dans un grand nombre de préparations dont cet agent fait partie, et leur application a été suivie des mêmes succès : des inflammations chroniques des paupières, rebelles à tous les autres modes de traitement, ont cédé à la seule influence de la pommade naphtalinée.»

On voit, par cet extrait, que Rossignon ne recommande pas la naphtaline comme remède dans le traitement des plaies ou des affections parasitaires de la peau; cependant il s'en servait déjà contre des parasites, puisqu'il lui reconnaît une action vermifuge.

Dans le courant de la même année 1842 parut, dans le *Journal de Pharmacie et de Chimie* (déc. 1842, p. 513), un article d'Alphonse Dupasquier, intitulé : *Emploi de la naphtaline comme médicament incisif, expectorant ; formules pour son administration*. Dans cet article, l'auteur dit :

« Quand on met en contact avec la langue, seulement un ou deux centigrammes de naphtaline, on ne tarde pas à avoir la sensation d'une saveur forte, âcre et un peu désagréable, qui est un des caractères physiques de ce carbure d'hydrogène. Bientôt on éprouve sympathiquement, ou plutôt par continuité, depuis le voile du palais et l'extrémité supérieure du pharynx, jusqu'à la muqueuse qui tapisse les bronches, une sensation de chaleur qui s'accroît peu à peu et se change en un picotement incommode, lequel ne tarde pas à déterminer la toux et l'expulsion d'un ou de plusieurs crachats, s'il se trouve du mucus bronchique ou des mucosités filantes accumulées dans les voies aériennes. Cet effet, qui est celui propre aux médicaments incisifs, expectorants, est infiniment plus prononcé avec la naphtaline, que lorsqu'il est produit par la gomme ammoniaque, le baume de Tolu, l'acide benzoïque, etc., qui sont regardés comme les plus énergiques, parmi les agents thérapeutiques de cette classe. La naphtaline d'ailleurs exerce non-seulement une stimulation plus forte, plus incommode, plus propre à déterminer la toux, que celle produite par les incisifs ordinaires; elle présente encore cet avantage, que son influence stimulante se prolonge très-longuement et paraît longtemps augmenter d'intensité au lieu de s'affaiblir.

« Cette propriété si remarquable, mais non signalée encore, de la naphtaline, m'a fait penser que cette substance chimique pourrait prendre rang et même être placée en première ligne parmi les médicaments qui appartiennent à la médication incisive ou expectorante. L'expérimentation clinique a complètement confirmé cette prévision. La naphtaline, employée dans les cas où une vive stimulation de la muqueuse bronchique est nécessaire, et même urgente, a produit d'excellents résultats. C'est ce qui est arrivé, par exemple, chez un assez grand nombre de vieillards débiles, atteints de catarrhe pulmonaire chronique, et arrivés à un état de suffocation imminente, par l'effet de l'impossibilité où ils étaient d'expulser les matières muqueuses ou glutineuses qui obstruaient les bronches. C'est ce que j'ai pu remarquer aussi dans plusieurs cas d'asthme humide avec menace de suffocation.

« L'emploi interne de la naphtaline doit donc être préféré à celui des expectorants connus, même les plus énergiques, dans les cas qui viennent d'être signalés ; j'ajouterai que ce nouvel expectorant n'est nullement dangereux, et n'offre aucun inconvénient dans son administration, si ce n'est une saveur un peu désagréable. Il convient du reste de cesser l'usage de la naphtaline aussitôt qu'elle a déterminé les effets qu'on en attendait, afin de ne pas habituer la muqueuse à cette stimulation, et de pouvoir l'employer de nouveau avec succès, en cas de reproduction de l'embarras bronchique. On comprend bien, enfin, que cette substance essentiellement stimulante ne convient jamais dans la bronchite aiguë, et toutes les fois qu'il y a inflammation ou seulement irritation pulmonaire.

«La naphtaline, qui se retire du goudron de houille, étant obtenue par des moyens bien connus, je ne m'occuperai pas de sa préparation, qui se trouve décrite dans les traités de chimie. Je me bornerai donc à indiquer ici le mode d'administration que j'ai adopté et qui m'a paru, dans l'application, être le plus facile et le plus avantageux.

« J'emploie la naphtaline, à la dose de cinquante centigrammes à deux grammes, dans un looch ou dans du sirop préparés de la manière suivante :

« 1° Looch de naphtaline :

R. Looch blanc n° 1.
Naphtaline 0,5—2,0.
F. S. A. un looch.

« Remarque : La naphtaline, étant insoluble dans l'eau, doit être longtemps triturée avec la gomme, afin de l'obtenir dans un grand état de division, et surtout pour qu'elle puisse rester longtemps en état de suspension dans le liquide. On administre ce looch par cuillerées à bouche de quart d'heure en quart d'heure.

« 2° Sirop de naphtaline :

R. Naphtaline 1,0.

Dissolvez dans la plus petite quantité possible d'alcool élevé à peu près au degré de l'ébullition, puis triturez avec sirop de sucre 125,0.

« Remarque : La naphtaline se dissout complètement dans l'alcool par l'intermède de la chaleur, mais elle se précipite aussitôt qu'on la mélange au sirop, ce qui fait que celui-ci devient trouble et prend l'apparence du sirop d'orgeat. On pourrait se borner à triturer la naphtaline avec le sirop, mais en employant l'alcool on a l'avantage de l'obtenir dans un plus grand état de division.

« Le sirop de naphtaline éprouve, par le repos, un commencement de séparation de son principe actif; mais il suffit de l'agiter pour reproduire le mélange tel qu'il était primitivement. Cependant, il convient de ne préparer ce sirop qu'au moment de l'employer, car j'ai remarqué qu'avec le temps une petite portion de la naphtaline cristallise sur les parois du vase où il est contenu.

« Le sirop de naphtaline doit être administré par cuillerées à café, quatre et même six fois par heure, jusqu'à ce qu'il ait déterminé une expectoration abondante. »

Il résulte de cet article que Dupasquier non plus n'a eu l'idée d'employer la naphtaline dans le traitement des plaies et des affections de la peau. L'auteur ne parle pas de son influence sur les organismes inférieurs, et la recommande comme remède interne dans les affections des poumons. L'action salutaire exercée par ce médicament, pris à l'intérieur, ne s'explique, d'après moi, que de la manière suivante : De petites quantités de naphtaline restent dans la bouche et dans le pharynx et y dégagent des vapeurs qui, par suite de l'aspiration de l'air extérieur, pénètrent dans les voies respiratoires, et y produisent un effet antiseptique. Les affections chroniques des poumons étant presque toujours accompagnées de sécrétions anormales, la naphtaline, qui a pénétré ainsi ces sécrétions, y empêche ou arrête la décomposition putride, ainsi que la formation et le développement d'organismes microscopiques. De là son effet salutaire.

Dans un autre article intitulé : *Un mot sur l'emploi de la pommade à la naphtaline concrète dans le traitement du psoriasis*, article qui a paru dans le *Bulletin général de Thérapeutique médicale et chirurgicale* (tome XXIII, 1842, p. 17 et suiv.), ÉMERY dit ce qui suit :

.... « J'ai employé la naphtaline concrète sur 14 malades. Deux n'en ont obtenu aucun avantage : l'un de ces cas avait pour sujet une jeune femme de 30 ans, affectée d'un psoriasis gyrata depuis près de huit ans, qui, après avoir cédé aux arsénicaux, est revenu au bout de six mois ; le deuxième cas s'est offert à moi chez un jeune homme de 18 ans, portant une lèpre vulgaire qui datait de plusieurs années ; deux mois de traitement n'ayant amené aucune amélioration, j'ai cessé la naphtaline pour revenir au goudron, qui a fait disparaître en deux mois tous les symptômes maladifs. J'ai été plus heureux dans douze autres cas, chez huit hommes et quatre femmes. Des premiers, deux avaient de 12 à 13 ans, et portaient des lèpres vulgaires depuis quinze mois et deux ans ; l'un et l'autre jouissaient d'une parfaite santé, malgré les divers traitements qu'on leur avait fait subir pour les débarrasser de leur maladie de peau....

«J'ai commencé l'application de la pommade à la naphtaline, composée comme il suit :

R. Naphtaline concrète 2,0
axonge 30,0

«Cette pommade a été employée sur les deux sujets en même temps et aux mêmes doses ; les squames n'ont pas tardé à tomber ; la peau qu'elles recouvraient est devenue violacée, des cercles blancs ont paru autour, et en six semaines de temps j'ai obtenu une guérison complète. Rien n'a encore reparu, quoique ces malades soient guéris depuis trois mois.

«Les quatre autres observations ont été recueillies sur des hommes de 26 à 38 ans, tous bien constitués, dont trois avaient des psoriasis invétérés qui dataient, l'un de six, l'autre de sept, et le troisième de seize ans.... J'ai employé une pommade à la naphtaline plus forte (Naphtaline 4,0, axonge 30,0). J'en fis couvrir des compresses que j'appliquai sur les parties malades matin et soir ; au bout de six semaines la guérison était complète. Deux fois seulement j'ai fait appliquer pendant vingt-quatre heures des cataplasmes de fécule de pommes de terre pour apaiser les cuissons qui s'étaient développées.... Un quatrième malade, âgé de 31 ans, portait sur tous les membres de larges plaques de psoriasis depuis dix ans ;.... j'appliquai sur les plaques des compresses recouvertes de la pommade. En cinq semaines ce malade a été complètement guéri....

«Les deux autres hommes, âgés de 34 et 38 ans, portaient des psoriasis légers, qui, en cinq et six ans de temps, étaient à leur troisième récidive. Deux mois de traitement ont tout fait disparaître chez le plus jeune ; celui qui était âgé de 38 ans a été atteint d'un érysipèle au visage, qui m'a forcé à suspendre cette médication pendant vingt jours; et comme je n'ai employé que la pommade la plus faible, il a mis trois mois à se guérir.

«Les quatre femmes ont été traitées par la pommade la plus forte. ... Toutes, au bout de quinze et dix-huit jours, avaient éprouvé une amélioration considérable. L'une, âgée de 24 ans, malade depuis six ans, était couverte d'un psoriasis guttata: il a fallu trois mois pour obtenir une guérison complète. Une autre, atteinte d'un psoriasis invétéré qui datait de quinze ans, dont elle avait été affectée à l'âge de 24 ans, à la suite d'une suppression brusque des menstrues, a guéri rapidement en moins de deux mois. Enfin, deux jeunes filles, l'une de 17 ans, l'autre de 18, n'avaient de plaques que sur les genoux et sur les coudes: il n'a fallu que cinq semaines à la plus jeune et six à l'autre pour être débarrassées de cette ennuyeuse maladie, qui datait de plus de six mois chez chacune d'elles, et qui allait toujours en augmentant.

«Ces faits ne sont point encore assez nombreux pour qu'on puisse statuer quelque chose de bien précis; néanmoins ils sont suffisants pour encourager de nouveaux essais. Il est bon, à cet égard, de prévenir les praticiens que le médicament dont il est question a quelques légers inconvénients: d'abord, l'odeur de notre pommade est assez forte, mais elle passe avec promptitude; puis elle excite la peau et pourrait provoquer quelquefois des inflammations assez vives, et même des érysipèles, si l'on n'en surveillait l'action, si l'on n'en modérait, quand il y a lieu, l'activité sur la partie au moyen d'applications émollientes.»

Le produit employé par Émery était évidemment impur; cela résulte de ce qui est dit à la fin de l'article cité plus haut, car la naphtaline chimiquement pure n'irrite absolument pas la peau, à plus forte raison elle ne saurait provoquer des inflammations ou même des érysipèles. Il paraît qu'ÉMERY n'a pas pensé à une action parasiticide de la naphtaline, et qu'il ne l'a pas non plus employée en applications sur les plaies.

Malgré les recommandations de ces trois auteurs, la naphtaline n'est pas devenue un remède généralement employé en médecine. Dans le *Dispensatory of the United States of America by* WOOD *and* BACHE (1851, p. 1356) on la trouve, il est vrai, brièvement mentionnée; on l'y recommande comme remède, en se fondant sur les expériences faites par les trois auteurs cités plus haut. De leur côté, POSNER et SIMON, dans leur *Handbuch der speciellen Arznei-Verordnungslehre* (Berlin, 1855, p. 234), ainsi que DE VEIEL, dans son *Jahresbericht der Heilanstalt für Flechtenkranke zu Cannstatt am Neckar* (année 1852-1854[1]), s'appuient sur les mêmes auteurs et ne donnent que quelques courtes notes sur la naphtaline. Voici ce qu'en dit HEBRA[2]: «Ce produit, d'application récente, est employé en mélange avec de la graisse, dans la proportion de 1 sur 8. D'après les inventeurs, il doit rendre de bons services dans les cas légers de psoriasis.

[1] Voy. *Deutsche Klinik*, 1855, n° 22, p. 245. DE VEIEL paraît avoir employé la naphtaline, encore en 1862, contre les affections cutanées (psoriasis); du moins il en parle à la p. 59 de ses *Mittheilungen über die Behandlung der chronischen Hautkrankheiten in der Heilanstalt für Flechtenkranke in Cannstatt* (Stuttgart 1862); dans le chapitre sur le psoriasis, il dit, à la p. 59: «Les pommades à la naphtaline ne présentent aucun avantage sur les pommades au goudron.»

[2] HEBRA, *Handbuch der speciellen Pathologie und Therapie* de Virchow, tome III: *Acute Exantheme und Hautkrankheiten*. Erlangen, 1860, p. 308.

Je ne puis guère encore parler par expérience de ce remède et ne suis pas en état de juger définitivement de sa valeur, l'ayant trop peu employé jusqu'à présent. Il serait sans doute désirable de posséder un remède qui eût tous les avantages du goudron, sans en avoir les inconvénients, ni la couleur noire, ni l'odeur désagréable.»

Cette courte note a encore été abrégée dans le même ouvrage revu par HEBRA et KAPOSI[1]. On y lit à la p. 375: «La naphtaline ($C^{20}H^{8}$) a été prônée par ÉMERY et DE VEIEL; le premier l'a employée sous forme de pommade contre le psoriasis, l'eczéma chronique, etc., en mélange avec de l'axonge (1 : 15); l'autre, en solution dans l'acide chlorhydrique. Malheureusement je n'ai constaté aucun effet dans l'emploi de ces deux préparations, en sorte que j'ai abandonné la naphtaline depuis des années.»

En dernier lieu nous citerons encore un passage de KLEINHANS[2] sur l'emploi de la naphtaline dans les maladies de peau. En voici la traduction: «Des médecins français (ROSSIGNON, DUPASQUIER et ÉMERY) ont introduit, dans les derniers temps, la naphtaline en thérapeutique, avec succès prétendent-ils. Engagé par les éloges qu'ils en font, je l'ai employée contre l'eczéma chronique. Malheureusement je ne puis pas me joindre aux éloges qu'ils font de la grande efficacité de ce remède. Son action est loin d'avoirété aussi sûre que celle du goudron et de l'huile de cade, qui ont été employés dans les mêmes cas et dans des cas semblables.

---

[1] HEBRA et KAPOSI, *Lehrbuch der Hautkrankheiten*. Erlangen, 1874.

[2] KLEINHANS, *Erfahrungen aus dem Gebiete der Hautkrankheiten*. Coblenz 1862, p. 54.

Si l'on met un moineau dans un bocal de plusieurs litres de capacité, et dont les parois internes ont été saupoudrées de naphtaline pulvérisée, en ayant soin de ne laisser entrer dans le bocal que tout juste la quantité d'air nécessaire pour empêcher l'asphyxie, l'oiseau vivra des heures dans cet air chargé de naphtaline, sans en ressentir le moindre inconvénient visible.

J'ai frotté la peau tout entière d'un chien de taille moyenne, avec de la poudre de naphtaline; les parois du chenil ont été saupoudrées de même; puis j'ai pris une grande toile imprégnée d'une solution éthérée de la même substance, et après avoir laissé s'évaporer l'éther, j'ai complètement couvert le chenil avec la toile. Le chien est resté pendant 24 heures consécutives dans cet air chargé de naphtaline, sans devenir malade le moins du monde.

Pendant mes expériences, je me suis exposé moi-même des heures entières à l'influence d'une atmosphère naphtalinisée, sans éprouver le moindre malaise. Beaucoup de personnes, notamment les femmes nerveuses, les sœurs d'hôpital, en trouvaient l'odeur désagréable dans le commencement, et se plaignaient de maux de tête. Mais ces plaintes cessèrent, après quelque habitude. Du reste, en y ajoutant des quantités minimes d'huile de bergamote, on obtient un parfum agréable. La vapeur de naphtaline n'a aucune action étourdissante ou narcotique; je n'ai jamais pu constater une influence quelconque sur le système nerveux central, ni sur le sang. L'hémoglobine ou l'oxyhémoglobine et le spectre du sang ne subissent aucune modification par cette vapeur; elle ne paraît pas exercer davantage une influence quelconque sur le cœur et sur le pouls.

Quand on administre la naphtaline à l'intérieur, du moins chez le chien, l'organisme en résorbe des traces.

Pour les animaux, le mieux est d'en faire une émulsion avec de la gomme, qu'on introduit dans l'estomac au moyen de la sonde œsophagienne. L'administration de petites quantités (1 à 2 gr.) a été généralement suivie chez les chiens d'une légère diarrhée ; si l'on administre des quantités plus grandes (des doses de 5 gr. et plus), la diarrhée devient un peu plus forte, sans toutefois être accompagnée d'inflammation de la muqueuse intestinale. La naphtaline ne produit pas non plus de vomissement ; mais l'administration de plus grandes quantités paraît amener une diminution passagère de l'appétit. Introduite dans l'estomac, elle s'en va en majeure partie avec les fèces ; il est facile de recueillir de nouveau cette naphtaline, en délayant les excréments avec de l'eau et en les distillant. Elle a la propriété d'être facilement entraînée par les vapeurs d'eau qui passent dans le récipient pendant la distillation ; elle se condense alors sur les parois internes de l'allonge en formant de beaux cristaux.

On retrouve dans l'urine la plus grande partie de la naphtaline qui a passé en petites quantités dans le sang, et en partie sous forme de naphtaline pure, comme le démontrent les travaux de MM. Baumann et Herter[1]. Si l'on en administre de fortes doses, l'urine a la propriété de se foncer après l'émission, elle prend quelquefois une couleur brun noirâtre, mais ne devient jamais complètement noire, comme il arrive après l'administration de l'acide phénique. MM. Baumann et Herter citent, comme un fait à remarquer, la petite quantité de sulfates que contient l'urine, comparativement à son poids spécifique ;

[1] Baumann et Herter, *Ueber die Synthese von Aetherschwefelsäuren und das Verhalten einiger aromatischer Substanzen im Thierkörper.* (*Zeitschrift für physiologische Chemie* de Hoppe-Seyler, tome 1er, 1877, p. 267 et suiv.)

100 cc. d'urine, ayant un poids spécifique de 1,021, et traités par la soude et le salpêtre, auraient donné, dans la détermination de la quantité de soufre, 0,304 gr. de $BaSO^4$, en sorte qu'il faudrait admettre, d'après eux, que presque la moitié du soufre a été éliminée sans avoir été complètement oxydée, chose d'autant plus curieuse qu'en cas d'administration de benzol, on observe une élimination plus forte d'acide sulfurique. En distillant l'urine après l'addition d'acide chlorhydrique, ces auteurs ne pouvaient pas obtenir de naphtol ; mais la naphtaline passait intacte avec les vapeurs d'eau, et se condensait dans le réfrigérant, sous forme d'une masse cristalline blanche, insoluble dans la soude caustique. Il fut impossible de déterminer dans quelle combinaison se trouvait l'acide sulfurique contenu dans l'urine.

Chapitre I.

Emploi de la naphtaline dans les pansements.

Quand on se sert de la naphtaline, telle qu'on la trouve chez la plupart des droguistes, pour en remplir de grandes plaies, surtout des plaies contuses fraîches accompagnées d'une mortification étendue des tissus, il arrive ordinairement, dans les jours qui suivent, que l'urine se fonce après l'émission ; mais elle ne prend jamais la couleur noir foncé de l'urine carbolique. Généralement après deux ou trois jours, l'urine redevient claire, surtout si les tissus gangréneux se détachent rapidement et avec facilité.

La réaction de Sonnenburg au chlorure de baryum donne toujours, dans ces cas, un précipité volumineux. Avec cet état des urines, il ne se présente jamais de phénomènes d'intoxication, comme dans l'empoisonnement carbolique ; le pouls reste fort ; jamais nous n'avons observé de phénomènes de collapsus, même chez les petits enfants. Si l'on emploie de la naphtaline chimiquement pure, l'urine ne se fonce plus après l'émission, de sorte que, dans certains cas, l'état de l'urine peut servir à contrôler le degré de pureté de la naphtaline.

Voici en résumé les observations faites jusqu'à présent avec la naphtaline, dans son application locale sur les plaies et sur la peau :

1° Appliquée sur la *peau*, la naphtaline ne cause aucune espèce d'irritation, surtout elle ne produit pas de démangeaison, pas d'eczéma ni de vésicules. Elle n'a, en général, aucune action sur l'épiderme. Elle n'a pas l'inconvénient de s'agglutiner en masse par le sang, la sueur, le pus, etc., de manière à former des croûtes ; dans les cas d'eczéma, elle n'adhère pas à la peau, et, grâce à l'absence de croûtes, il ne se produit aucune rétention des sécrétions. Appliquée sur la peau, elle s'enlève facilement en y dirigeant un jet d'eau, ou bien en l'essuyant avec un linge.

2° Appliquée sur les *plaies*, la naphtaline n'y produit aucune irritation, pas de rougeur ni de gonflement, pas de granulations exubérantes. Elle ne bouche pas les plaies et ne forme pas de croûtes à leur surface ; de là, absence de rétention des sécrétions ; bien au contraire, ces dernières s'écoulent librement à travers les couches les plus épaisses de naphtaline ; il en résulte qu'elle ne peut être employée pour la cicatrisation sous-crustacée.

L'application directe de la naphtaline ne gêne en rien la formation normale des granulations ; la tendance à la cicatrisation ne souffre d'aucune manière.

L'application directe de la naphtaline sur les plaies donne une sécrétion plus séreuse.

Les plaies putrides, les ulcères de jambe, les ulcérations chancreuses, les carcinômes sanieux, prennent un bel aspect par l'application directe de la naphtaline. Mais dans ces cas, il importe de recouvrir la plaie d'une couche très épaisse de ce médicament et, si faire se peut, d'opérer une application intime moyennant une forte compression. Si les sécrétions de ces plaies sont très abondantes, il faudra fréquemment renouveler la naphtaline, qui agit bien sur les organismes provoquant la putréfaction, mais non sur les produits de la putréfaction; dans les cas de sécrétions sanieuses, il faudra donc fréquemment enlever l'ancienne naphtaline imprégnée de sanie, et la remplacer par une nouvelle application; par ce procédé, on arrivera bientôt à faire disparaître l'odeur fétide.

Quant à une influence quelconque que la naphtaline pourrait exercer sur les granulations fongueuses ou tuberculeuses, il est évident que des expériences longtemps prolongées pourront seules la constater.

Il résulte clairement de ce que nous venons de dire que l'emploi du pansement naphtaliné est parfaitement rationnel. Toutefois, pour faciliter cet emploi dans la pratique, je crois devoir résumer succinctement les avantages et les inconvénients de cette espèce de pansement, ainsi que les indications et la manière de l'appliquer. Les résultats obtenus dans plusieurs centaines de cas traités à la clinique chirurgicale de Strasbourg depuis le mois de septembre 1881 (voir la thèse de Bonning, déjà citée), et dans lesquels la naphtaline a été employée suivant les principes indiqués plus haut, ont pleinement confirmé toutes les espérances qu'on avait conçues au sujet de cette substance, espérances que j'avais déjà exprimées dans mes publications antérieures.

A. Avantages de la naphtaline.

1° *Simplicité de son application.* Le mode d'application de la naphtaline est plus simple que celui de tous les antiseptiques employés jusqu'à nos jours ; ainsi, l'acétate d'alumine, malgré son bon marché, est loin d'égaler celle-ci à cet égard, puisqu'il faut d'abord préparer sa solution aqueuse suivant les proportions voulues. Il en est de même du sublimé, de l'acide phénique et des autres antiseptiques employés en solution. Pour pratiquer le pansement à la naphtaline en poudre, le mieux est d'en saupoudrer directement la plaie et les parties avoisinantes, ainsi que les pièces de pansement. De cette manière on fait l'épargne de l'éther et de l'alcool, servant à préparer la solution de naphtaline avec laquelle nous imprégnions primitivement les objets de pansement, et on n'a pas besoin d'attendre que l'éther et l'alcool, qui pourraient irriter la plaie et la peau si les objets de pansement en retenaient une quantité notable, se soient évaporés.

2° *Son innocuité absolue*, qualité inappréciable quand on compare cette substance à l'acide phénique, à l'iodoforme et à d'autres antiseptiques.

3° *Son bas prix*, avantage excessivement important pour la clientèle pauvre de la ville, pour la clientèle de la campagne et pour l'armée. La facilité de l'emballage et du transport de grandes quantités de naphtaline la recommandent d'autant plus à l'usage des armées en campagne, qu'on peut en réduire considérablement le volume au moyen d'une forte compression. Nous croyons que l'avenir est aux pansements avec les poudres antiseptiques, et parmi celles-ci la naphtaline figurera sans doute au premier rang, non-seulement dans les ambulances militaires, où il est souvent difficile, vu le manque d'eau et le grand nombre de blessés, d'appliquer la méthode compliquée de Lister, mais dans la pratique médicale en général.

Il est vrai qu'il ne faudra pas se servir de la naphtaline pure cristallisée de Trommsdorff[1], mais de la naphtaline chimiquement pure de la maison Ohlgardt et Cie, à Kehl (Bade), qui se vend à raison de 1 fr. 25 le kilo.

B. Inconvénients de la naphtaline.

Comme inconvénients de la naphtaline, on pourrait relever :

1° *Son insolubilité dans l'eau.* En conséquence, elle ne peut être employée à la désinfection des plaies qu'il faut fermer par la suture ; il faut citer ici les plaies fraîches par instrument tranchant, les amputations, et les opérations où il faut désinfecter la plaie de temps à autre ; elle ne peut pas servir non plus à la désinfection du champ opératoire, des mains, des instruments, etc., avant les opérations et avant les pansements ; dans tous ces cas, il faut évidemment un antiseptique soluble. Sans doute, on pourra, dans certains cas, employer une solution de

[1] L'emploi de cette naphtaline qui n'est pas suffisamment purifiée, paraît avoir fait naître les scrupules dont parle le Dr Anschütz, à la page 523 et suiv. de son article cité plus haut. Il est évident que si M. le Dr Anschütz parle de mélange de sang avec la sérosité des plaies, s'il accuse la poudre de naphtaline répandue sur les surfaces ulcérées de s'être réunie en masse compacte sous forme de croûte et d'avoir causé ainsi des rétentions de sécrétions dans les plaies, cela provient de l'emploi de cette naphtaline impure, contenant des phénols et d'autres substances irritantes et qui produisent des granulations exubérantes saignant facilement. Depuis que nous employons la naphtaline chimiquement pure, nous n'avons jamais pu constater, à la clinique chirurgicale de Strasbourg, aucun des inconvénients dont se plaint M. le Dr Anschütz.

naphtaline dans l'éther et l'alcool, mais il y aura toujours des circonstances où un antiseptique liquide ou du moins soluble dans l'eau sera indispensable. Certes, c'est un inconvénient; mais, d'autre part, cette insolubilité dans les liquides des plaies est cause précisément que la naphtaline ne peut être résorbée et qu'elle n'est pas toxique.

2° *L'odeur de la naphtaline et son absorption par les voies respiratoire.* Les personnes qui sentent pour la première fois l'odeur de la naphtaline, la trouvent d'abord repoussante. Cependant il n'y a personne sans doute qui ne puisse s'y habituer en peu de temps et qui ne trouve cette même odeur bientôt moins désagréable que celle de l'acide phénique, de l'iodoforme et d'autres antiseptiques. Plus la naphtaline est impure, plus l'odeur en est désagréable. Par contre, la respiration même prolongée de ses vapeurs ne produit pas le moindre malaise, comme maux de tête, vertiges, éternûments, toux, rhumes, catarrhes, larmoiements, inappétence; on s'en convaincra en visitant les salles de la clinique chirurgicale de Strasbourg, ainsi que le service des enfants diphtériques de M. le professeur Kohts, à l'hôpital de Strasbourg. A ces faits, on peut opposer à bon droit l'irritation provoquée par l'inspiration de cristaux d'acide salicylique, et le danger qu'il y a à respirer pendant un certain temps les vapeurs d'iodoforme et d'acide phénique.

3° *La sécrétion abondante des plaies très étendues qu'on a recouvertes de naphtaline.* J'ai déjà dit plus haut, à la page 20, que la naphtaline laisse écouler librement, et comme à travers une couche de sable, les sécrétions des plaies, qu'elle ne se combine pas avec les matières albuminoïdes, et qu'il en résulte une sécrétion beaucoup plus abondante que dans les pansements à l'iodoforme par exemple. On sait qu'avec le pansement de Lister on observe, en général, les premiers jours qui suivent son application, une sécrétion abondante attribuée aux propriétés irritantes de l'acide phénique. A l'époque où l'on n'employait pas encore, à la clinique chirurgicale de Strasbourg, la naphtaline chimiquement pure, c'est-à-dire avant le mois de mars 1882, cette sécrétion abondante se présentait souvent et exigeait un renouvellement fréquent du pansement. Lorsqu'on put enfin disposer de naphtaline vraiment pure, cet inconvénient disparut dans la plupart des cas, et on put laisser les pansements à demeure pendant huit jours et davantage. Quant aux cas où l'on a observé ces sécrétions abondantes malgré l'emploi de la naphtaline pure, on a pu constater qu'on s'était servi d'acide phénique comme désinfectant pendant l'opération, et qu'en outre cette augmentation de sécrétion n'avait duré que quelques jours. Si l'on essaie de résumer en peu de mots la différence frappante qu'on constate pour la quantité des sécrétions entre le pansement à l'iodoforme et celui à la naphtaline, on trouvera que cette dernière n'engendre aucune augmentation de sécrétion des plaies, tandis que l'iodoforme restreint la sécrétion en se combinant avec l'albumine. S'il s'agit de remplir de naphtaline des plaies cavitaires à sécrétion profuse, il faudra fréquemment renouveler la naphtaline, afin de lui permettre d'exercer toute son influence antiseptique sur la surface de la plaie ; on aura donc soin de l'appliquer sur la plaie toujours de manière qu'on puisse l'enlever plus tard sans difficulté. Ainsi pour des plaies cavitaires profondes et irrégulières (résections articulaires), le meilleur procédé consistera à tapisser d'abord la cavité de la plaie d'une couche de mousseline, et à ne la remplir de naphtaline qu'après.

On peut aussi bourrer la cavité avec des bandelettes de mousseline fortement saupoudrées de naphtaline ; il est facile de les retirer lorsqu'il faut renouveler le pansement. Les sécrétions des plaies étant d'une nature essentiellement séreuse sous le pansement naphtaliné, il est évident que les pièces de pansement en seront plus facilement imbibées que si les sécrétions étaient d'une consistance plus épaisse. Bien que celles-ci traversent le pansement, il n'en résulte aucun trouble pour la guérison de la plaie, comme il arrive avec d'autres pansements antiseptiques, tels que les pansements phéniqués ; car la naphtaline, contrairement à ce qui arrive pour l'acide phénique, reste toujours déposée en substance et en grandes quantités tout autour de la plaie, et la protège ainsi contre les germes de putréfaction qui pourraient y pénétrer.

C. Indications du pansement a la naphtaline.

Les expériences faites jusqu'à ce jour n'ont révélé aucune contre-indication proprement dite pour l'emploi de la naphtaline. Elle peut donc être utilisée dans des pansements de toute espèce. Toutefois je crois devoir formuler, dans l'intérêt du praticien, les indications de la naphtaline dans certains cas spéciaux, comparativement à celles des antiseptiques le plus généralement employés et de l'acide phénique en particulier.

1° La préférence sera donnée à la naphtaline comme antiseptique dans tous les cas où le malade est affecté de maladie des reins ou disposé à des irritations rénales.

2° La naphtaline sera employée pour le pansement des malades qui ont la peau irritable, et dont les plaies ont une facilité de résorption particulière et connue d'avance; ce sera le cas entre autres pour les individus très sensibles à l'acide phénique.

3° On renoncera complètement à l'emploi de l'acide phénique chez les enfants, surtout après de grandes opérations, pour se servir de la naphtaline, en s'aidant en même temps, au besoin, d'un antiseptique soluble ou liquide.

4° La naphtaline est indiquée pour le pansement des plaies, ulcérations, etc., situées dans les cavités profondes du corps (rectum, vagin), où les sécrétions subissent facilement la décomposition putride; en outre, pour les plaies cavitaires (résections, tumeurs, etc.) à mauvaise sécrétion. Le meilleur procédé d'emploi consiste à laver les cavités une ou deux fois par jour, et à les bourrer ensuite de naphtaline.

5° Les plaies étant atteintes d'érysipèle, on cherchera à les désinfecter en les recouvrant ou en les bourrant d'une couche de naphtaline appliquée avec force contre elles. On enlèvera autant que possible les granulations et les membranes, s'il y en a, en râclant avec la cuiller ou la spatule, etc., puis on fera cesser l'hémorrhagie et on appliquera la naphtaline, en procédant de la manière indiquée.

6° Enfin la naphtaline trouvera son emploi dans l'hygiène hospitalière: pour la désinfection des lieux d'aisance et des salles infectées; pour la conservation des instruments, surtout de ceux qui sont d'un usage journalier, et qu'on déposera dans des caisses bien fermées et contenant de la naphtaline; enfin, pour la destruction de la vermine, principalement en été.

D. Modes d'application de la naphtaline.

On applique la naphtaline sous forme de poudre sèche :

1° en saupoudrant simplement les plaies qui ont bon aspect ;

2° en bourrant de cette poudre les plaies cavitaires à mauvaise sécrétion ;

3° en saupoudrant les objets de pansement, non seulement avant de les déposer dans des caisses bien fermées, mais encore immédiatement avant de s'en servir.

Nous donnons plus loin un tableau des cas traités par la naphtaline, tels qu'ils sont relatés dans la thèse de Bonning. Il ressort de ce tableau que la naphtaline non seulement n'a aucun inconvénient comme médicament de pansement, mais qu'elle présente même des avantages considérables sur l'acide phénique. Il est clair qu'on pourra toujours, dans les opérations, se servir d'un désinfectant liquide indépendamment de la naphtaline. Mais on obtiendra des résultats non moins satisfaisants, en employant exclusivement cette dernière; à l'appui, nous citerons les quelques cas mentionnés dans ce travail, dans lesquels, nous fiant pleinement à l'efficacité de la naphtaline, nous avons renoncé à tout autre antiseptique pour l'opération, de façon à nous en remettre à la seule propreté des instruments, des doigts, des éponges, etc. Je suis toutefois bien éloigné de recommander l'emploi exclusif de ce dernier procédé pour le traitement de toutes les plaies sans distinction, et de le conseiller par exemple pour la résection des grandes articulations.

Tableau statistique des cas traités par la naphtaline à la clinique chirurgicale de Strasbourg, du 15 septembre 1881 au 15 septembre 1882.

TABLEAU I.

Malades de la policlinique.

	Nom de la maladie.	Nombre.
1)	Ulcères de la jambe .	37
2)	Ulcères du pied . .	8
3)	Panaris	32
4)	Phlegmons des mains	9
5)	Plaies des doigts . .	45
6)	id. des mains . .	9
7)	id. des bras .	6
8)	id. de la tête . . .	14
9)	id. de la face . .	2
10)	id. des jambes .	1
11)	id. des pieds . .	7
12)	id. des orteils . . .	2
13)	Ongles incarnés (opérés)	6
14)	Nécroses.	4
15)	Chancres . .	23
16)	Abcès . .	25
17)	Furoncles	3
18)	Anthrax .	1
19)	Athéromes .	4
20)	Brûlures.	10
21)	Pustules d'ecthyma . .	1
22)	Sycosis	3
23)	Eczéma	9
24)	Poux de la tête .	3
25)	id. du pubis. .	1
26)	id. du corps. . . .	1
	Total.	266

Remarques. De ces 266 malades traités à la policlinique, aucun n'a succombé; il n'y eut ni érysipèles ni aucune autre complication dangereuse. La plupart des malades de la policlinique, quand ils sont en voie de guérison ou presque guéris, se soustraient au contrôle médical ultérieur; c'est pourquoi les notes inscrites dans le registre de la policlinique, au moment où le traitement a cessé, et concernant la marche, la durée, la guérison, etc. des différents cas, sont très incomplètes. Nous ne sommes donc pas à même d'offrir un tableau plus détaillé et tenant compte des particularités de chaque cas, ce qui seul pourrait permettre de tirer des conclusions pour ou contre le traitement à la naphtaline.

TABLEAU II.

Malades de la clinique.

	Désignation de la maladie.	Nombre.	Observations.
1)	Amputations et désarticulations.	13	5 cas se rapportaient au bras, 1 à l'avant-bras, 1 aux doigts, 2 aux cuisses, 3 aux jambes, 1 aux orteils. Tous les malades ont guéri.
2)	Résections articulaires.	11	2 cas concernaient le coude, 1 le poignet, 1 l'index, 3 la hanche, 4 le genou ; 1 fois il fallut faire une résection consécutive, 3 fois l'amputation. 7 ont guéri, les 4 autres sont encore en traitement.
3)	Nécrotomies.	2	Guéries.
4)	Extirpations de tumeurs.	17	Dont 7 du cou, 3 de la face, 5 des seins, 2 de l'aine. Guéries 16. Non guérie 1.
5)	Abcès.	4	Guéris.
6)	Phlegmon.	1	Guéri.
7)	Herniotomie.	1	Guérie.
8)	Brûlure.	1	Femme de 30 ans ; la brûlure s'étendait sur la moitié de toute la peau. Morte le 3e jour après la brûlure.
9)	Plaies de différentes parties du corps.	5	Guéries.
	Total. .	55	

Il est à noter ici que, dans tous ces cas traités par la naphtaline, il n'y eut qu'une fois de l'érysipèle, et cela à un moment où l'on avait interrompu le traitement à la naphtaline.

Chapitre II.

Emploi de la naphtaline dans les maladies de la peau.

L'emploi de la naphtaline dans les maladies de la peau est justifié par les expériences faites sur les organismes inférieurs végétaux et animaux. Je vais d'abord rendre compte en détail de ces expériences.

Les deux sortes de naphtaline employées étaient :

1° la naphtaline pure cristallisée,

2° la naphtaline très blanche resublimée ;

ces deux produits, de la maison Trommsdorff à Erfurt, étaient absolument identiques quant à leur action.

I. Action de la naphtaline sur les organismes inférieurs végétaux.

A. *Action de la naphtaline sur les champignons des moisissures.*

1° *Penicillium glaucum.* On prend une grande cloche en verre ou un grand bocal d'une capacité de plusieurs litres, et muni d'un couvercle fermant hermétiquement ; après avoir humecté avec de l'eau le fond et les parois internes du vase, on les saupoudre de naphtaline pulvérisée, afin de rendre aussi grande que possible la surface de volatilisation de cette substance. Après quelques minutes, l'air renfermé sous la cloche ou dans le bocal aura une odeur prononcée de naphtaline et sera peu à peu saturé de vapeur de naphtaline. Qu'on introduise alors dans cette atmosphère un substratum nutritif favorisant le développement du *Penicillium glaucum*, par exemple des grains de raisin, des fruits, une solution de sucre et de gélatine étendue sur du verre, etc., on aura beau semer du *Penicillium glaucum*, il n'y aura pas trace de formation de champignons. Si l'on objectait que c'est le manque d'humidité qui empêche la production de champignons, nous répondrions qu'on peut faire évaporer de l'eau dans cet air saturé de naphtaline, qu'on peut même arroser tout le fond du vase avec de l'eau, de sorte que les vapeurs d'eau se condensent sur les parois du vase et sur la matière qui nourrit les champignons, et que néanmoins il ne se développe pas de champignons. La naphtaline n'est pas hygrométrique. Ce n'est pas non plus le manque de l'oxygène, que la naphtaline aurait peut-être pu chasser de la cloche en se volatilisant, qui empêche la formation des champignons ; car le vase étant hermétiquement fermé, il est de toute impossibilité que l'oxygène ait pu s'en échapper. Force nous est donc de conclure que, par suite du mélange assez uniforme de l'air contenu dans le vase avec les vapeurs de naphtaline, le développement des champignons a été empêché. En faisant l'expérience de contrôle, exactement de la même manière, mais sans faire intervenir la naphtaline, on peut bientôt constater le développement le plus luxuriant de champignons. Il ne reste donc qu'à attribuer à la naphtaline elle-même la non-formation de champignons. L'expérience faite de la manière que je viens de décrire, réussit toujours aussi bien dans une chambre froide que dans une chambre chauffée.

Si l'on fait l'expérience en n'introduisant sous la cloche qu'un petit nombre de cristaux de naphtaline, qu'on superpose les uns aux autres, de manière que leur volatilisation ne puisse avoir lieu que très lentement, on ne peut d'abord constater aucune interruption dans la formation des champignons; mais aussitôt que l'odeur fait supposer la présence d'une assez grande quantité de vapeur de naphtaline, le développement des champignons s'arrête. Des quantités minimes de cette vapeur suffisent pour n'admettre qu'une formation excessivement restreinte de champignons, à filaments de mycélium et réceptacles très grêles, et à spores très petites.

Si l'on cultive d'abord les champignons pendant quelques jours, et qu'on les expose ensuite à l'influence de la naphtaline, on voit immédiatement s'arrêter leur développement. Quelques jours après, les champignons commencent à s'affaisser, les réceptacles se confondent, et, dans les cas où la végétation était encore toute jeune, on voit généralement quelques jours après une gouttelette d'eau claire à leur place. Si le développement est déjà plus avancé, et que les spores sont sur le point de se former ou s'il s'en est déjà formé, la désagrégation des champignons se fait plus lentement; mais d'ordinaire au bout de quelques jours, le microscope fait reconnaître distinctement des champignons en état de décomposition.

Pour que les expériences que nous venons de décrire réussissent toujours complètement, il faut naturellement prendre soin que la vapeur de naphtaline arrive à tous les endroits où se trouvent des germes de champignons. Si l'on prend comme substratum de culture des substances très poreuses, par exemple du pain humecté, et qu'on y sème des champignons, l'expérience quelquefois ne réussit qu'incomplètement; car dans les nombreux interstices dans lesquels la vapeur ne pénètre que difficilement, il se présente quelquefois un faible développement de champignons; ceux-ci toutefois ne mûrissent pas, ils restent blancs et rabougris. Sur un terrain nutritif à surface plane, facilement accessible aux vapeurs de naphtaline, ainsi sur des fruits, sur une solution de sucre et de gélatine étendue sur du verre, sur des liquides tels que l'urine, le lait, le sang, sur le suc de fruits confits, sur le moût, etc., les champignons ne se développent point, s'ils sont mis en présence de la naphtaline.

Quoique le *Penicillium glaucum* soit considéré comme une des plus résistantes, sinon comme la plus résistante de toutes les moisissures, j'ai cru néanmoins devoir exposer encore d'autres espèces de champignons à l'action des vapeurs de naphtaline, pour observer comment ils se comportent sous son influence. J'ai réussi avec la même facilité, non-seulement à empêcher complètement la formation de

2° l'*Eurotium aspergillus glaucus*, et du

3° *Mucor mucedo*, mais encore à faire périr en peu de temps des végétations déjà existantes de ces champignons. Après l'affaissement des champignons non mûrs encore, j'ai trouvé dans ces cas également une gouttelette d'eau claire à la place des végétations ; quand les champignons étaient plus âgés, surtout quand la formation des spores avait déjà commencé, la désagrégation complète s'effectuait plus lentement. M. le professeur de Bary et M. le Dr Wortmann, auxquels je communiquai ces résultats, eurent la bonté d'examiner sous le même rapport les espèces de champignons susnommées ainsi que quelques autres encore ; mes observations furent pleinement confirmées par ces Messieurs ; il fut en outre constaté que la naphtaline avait sur

4° le *Mucor stolonifer*, et sur

5° le *Phycomyces nitens* une influence pareille à celle que nous venons de décrire. On n'a pas étendu ces expériences à d'autres espèces de champignons.

6° *Oidium lactis.* Si l'on introduit un verre de lait sous une cloche contenant de l'air saturé de naphtaline, la couche supérieure crémeuse du lait reste luisante comme une glace. Il ne se forme pas trace d'oidium, ni d'aucune autre espèce de champignons qui sans cela ne manquent jamais sur la surface du lait. Si l'on expose à une atmosphère de naphtaline du lait dont la crème est déjà attaquée par les champignons, ou qui en est même couverte sur toute son étendue, il y a non-seule ment cessation dans la formation des champignons, mais après quelques jours on en constate la désagrégation; après 8 à 10 jours, la surface est redevenue luisante, et l'oidium a disparu. On obtient le même résultat, en cultivant l'oidium sur du petit-lait.

Malheureusement je n'ai pas eu jusqu'à présent d'autres espèces de champignons à ma disposition; mais en se basant sur le succès complet et invariablement obtenu des expériences faites sur les champignons nommés plus haut, on peut affirmer que la naphtaline représente un poison énergique pour un grand nombre, sinon pour la totalité des champignons vivant à la surface des substances organiques; que, par son application convenable, nous sommes en état, non-seulement d'empêcher le développement des spores, mais aussi d'arrêter l'évolution des champignons en voie de développement, ou bien de les tuer complètement.

La naphtaline étant relativement inoffensive pour des plantes et des animaux à organisation supérieure, cette substance, qu'on se procure à si bas prix, est indiquée comme moyen de préservation des plantes, des graines, des fruits, etc., contre la moisissure, ainsi que comme remède et comme prophylactique pour les hommes et les animaux; ces dernières applications seront parfaitement légitimes, d'autant plus que, depuis quelques années, les théories sur l'action pathogénique de plusieurs espèces de champignons gagnent de plus en plus en importance. Des expériences spéciales, que nous n'avons pas à traiter ici, détermineront le mode d'emploi de la naphtaline dans chacun de ces cas.

Le seul fait que la naphtaline est un poison violent pour de nombreux microphytes, peut-être pour toutes les moisissures qui pullulent à la surface des matières organiques, ce seul fait ne nous donne pas le droit de conclure qu'elle agisse de même sur les champignons qui se développent dans les liquides, par exemple sur les *ferments organisés*. Pour permettre à la vapeur de naphtaline d'agir avec intensité sur ces derniers, il faudrait qu'il lui fût possible de pénétrer dans le liquide en quantité suffisante. Je fis donc d'abord des expériences avec le

7° *Ferment vinique* ; mais les premiers essais n'abou tirent qu'à des résultats incomplets. Si l'on expose sous la cloche un verre rempli de moût à l'action des vapeurs de naphtaline, le champignon-ferment continue tranquillement à se développer; apparemment la vapeur ne pénètre pas suffisamment dans le liquide. Même après plusieurs jours, le moût sent à peine la naphtaline. Il est évident que c'est le mucilage renfermé dans le moût qui empêche celui-ci de s'imprégner, et une fois que le dégagement d'acide carbonique produit par la fermentation se fait avec plus d'énergie, les traces minimes de naphtaline qui pourraient s'y trouver, en sont chassées complètement. Toutefois j'ai pu constater dans de nombreuses expériences, que, sous l'influence de la naphtaline, la fermentation commençait un peu plus tard et était moins énergique dans les premiers jours que dans les expériences de contrôle faites sans naphtaline. La surface du moût se couvrait toujours de moisissures dans ces expériences de contrôle, ce qui n'arrivait pas s'il avait été soumis à l'action de la naphtaline. A l'intérieur du liquide, c'est sur les parois du verre que la fermentation se manifeste le plus énergiquement. En conséquence, j'ai cherché à renforcer l'action de la naphtaline en tapissant les parois internes du vase d'une mince couche de cette substance, avant d'y verser le moût. Cela se fait le plus facilement en humectant les parois du vase, pendant qu'il est vide, avec une solution de naphtaline dans 4 ou 5 parties d'éther, et en laissant ensuite s'évaporer l'éther. Si l'on verse le moût dans des verres ainsi préparés, et qu'on les place ensuite sous la cloche à naphtaline, on constate un retard beaucoup plus accentué de la fermentation mais on ne réussit pas encore à l'empêcher complètement. Si maintenant on remplace le moût mucilagineux par une solution nutritive aqueuse (contenant par exemple 100 parties d'eau, 15 p. de sucre, 0,5 p. d'acide tartrique et 0,3 p. d'extrait de viande) et qu'on y sème de la levûre de bière, on arrive à s'opposer avec plus de succès à la fermentation. On ne réussit toutefois à l'empêcher complètement, qu'en faisant passer pendant quelque temps (environ 1 jour), dans cette solution nutritive, de l'air saturé autant que possible de vapeurs de naphtaline. C'est ce que je fis au moyen d'une pompe aspirante s'appliquant au robinet de la conduite d'eau, et construite par Meschenmoser, opticien à Strasbourg. A l'aide de cette pompe, on fait passer par aspiration dans la solution nutritive de l'air qui a d'abord traversé un long tube en U rempli de naphtaline. Dès que le liquide nutritif présente l'odeur de naphtaline, on peut le verser dans des verres tapissés de naphtaline à l'intérieur, et le mettre sous la cloche à naphtaline ; il n'y aura ni formation de lie, ni fermentation. Nous en conclurons que la naphtaline est également un poison énergique pour le ferment vinique.

8° Les champignons qui se forment dans la *fermentation acétique* sont beaucoup plus sensibles que ceux du ferment vinique ou de la levûre de bière. Il suffit d'exposer le liquide en question à une atmosphère de naphtaline pour retarder considérablement la fermentation. J'ai jugé inutile de faire également des séries d'expériences jusqu'à empêcher complètement la formation de ces champignons; je crois néanmoins pouvoir admettre, comme une chose au moins très probable, que la vapeur de naphtaline exerce une action toxique analogue sur beaucoup d'autres espèces de champignons-ferments, sinon sur toutes ces végétations.

B. *Action de la naphtaline sur les schizomycètes.*

1° Expériences avec l'*urine.*

Dans un grand nombre de cas, j'ai conservé pendant des semaines, dans une chambre froide aussi bien que dans une chambre chauffée, de l'*urine fraîche* versée dans des verres (de 150 à 200 cc. de capacité), en l'exposant sous une cloche en verre à l'action de la naphtaline, d'après la méthode indiquée plus haut (pag. 32) pour le *Penicillium glaucum.* Dans toutes les expériences de contrôle, qui furent faites exactement de la même manière, mais sans naphtaline, il a toujours suffi de quelques jours pour voir apparaître, à la surface, les organismes bien connus qui accompagnent la putréfaction, ainsi que les champignons des moisissures. M. le professeur Hoppe-Seyler, auquel je communiquai ce résultat, m'engagea à augmenter le nombre de mes expériences, ayant souvent vu à son laboratoire de chimie physiologique l'urine se conserver claire et intacte pendant des semaines et sans la moindre précaution. Comme j'avais fait toutes ces expériences à l'hôpital civil de Strasbourg c'est-à-dire dans un air riche en ferments et en microbes, comme en outre toutes les expériences de contrôle faites sans naphtaline aboutissaient régulièrement à la décomposition et à la formation de microbes tandis qu'avec la naphtaline la décomposition n'avait jamais lieu, je ne pus m'empêcher de considérer la naphtaline comme entravant la formation des micrococcus et des bactéries, du moins dans l'urine. Je répétai toutefois toutes mes expériences en dehors de l'hôpital, et toujours avec le même résultat. Les verres dans lesquels se trouvait l'urine qui devait être soumise à l'action de la naphtaline, étaient rincés au robinet de la conduite d'eau, puis essuyés avec une serviette; ils n'ont pas été nettoyés autrement. Si au lieu de verres à large ouverture on en prend à ouverture étroite, il peut se faire que l'expérience ne réussisse pas parce que la vapeur de naphtaline ne peut agir suffisamment. La même chose peut arriver, si l'on prend des vases très profonds qu'on ne remplit qu'au tiers ou au quart. Mais qu'on ajoute de la naphtaline en poudre, fût-ce en grandes quantités, à de l'urine contenue dans des verres ou dans des flacons cette dernière s'altère régulièrement parce que la naphtaline, insoluble dans les liquides aqueux, reste au fond du verre et ne se répand pas suffisamment dans l'urine. Même en bouchant bien ces flacons l'urine n'offre aucune odeur de naphtaline quelques jours plus tard, et qui plus est elle se décompose. En outre les sels qui se déposent pendant le refroidissement de l'urine recouvrent la naphtaline se trouvant au fond du verre, et en empêchent la diffusion dans le liquide. Cette décomposition de l'urine ne peut pas même être empêchée, si l'on agite fréquemment, de façon à mettre les particules de naphtaline en contact avec le liquide.

Si l'on met sous la cloche à naphtaline un verre contenant de *l'urine déjà en voie de décomposition*, la décomposition continue d'abord sans interruption; même après 8 à 10 jours l'odorat constate à peine une trace de naphtaline dans l'urine. Le plus souvent cependant on remarque dans le courant de la seconde ou de la troisième semaine que la décomposition se fait avec moins d'intensité que dans les expériences de contrôle; peu à peu la décomposition s'arrête, le liquide prend une odeur plus prononcée de naphtaline, il devient plus clair, les microbes de la putréfaction se déposent au fond et dépérissent. J'avais pris dans un de mes essais de l'urine déjà entrée en putréfaction et couverte de moisissures: après 15 jours elle en était complètement débarrassée, elle était devenue parfaitement claire, et la décomposition était arrêtée; il est vrai que dans ce cas une certaine quantité de naphtaline répandue sur le fond du verre avait contribué à produire ce résultat. Dès le commencement de la deuxième semaine il se formait une zone claire autour de quelques gros cristaux qui faisaient saillie dans le liquide, et cette zone s'étendait de jour en jour.

De ces expériences faites avec l'urine il est permis de conclure que la naphtaline a des propriétés antibactériques, qu'elle est en état de prévenir la formation des microbes et d'en entraver ou d'en arrêter le développement quand ils se sont déjà formés. Je n'ai pas pu constater si une action suffisamment prolongée amène aussi la destruction des spores, mais d'après les expériences récentes du Dr Koch[1] je crois devoir en douter. Il faudrait en effet employer des remèdes héroïques pour détruire les spores des *Bacillus* et pour obtenir une désinfection complète, remèdes dont nous ne pourrons probablement jamais nous servir pour le corps humain parce que leur emploi, surtout s'il était continué le temps nécessaire, amènerait beaucoup plus tôt la destruction de l'organisme humain que celle des spores.

2° Expériences avec le *lait*.

a) Action sur la *coagulation du lait*. Voulant obtenir une action durable de la naphtaline sur le lait, j'employai un procédé analogue à celui employé pour le ferment vinique (voyez plus haut, pag. 37 et suiv.) : je me servis de la pompe aspirante de Meschenmoser pour faire passer dans le lait un courant continu d'air saturé de naphtaline. La couche de crème qui se forme sur le lait qu'on laisse reposer sous la cloche à naphtaline, empêche la vapeur de pénétrer dans le lait, et même après plusieurs jours celui-ci n'a aucune odeur de naphtaline. Dès la première expérience faite avec aspiration de vapeurs de naphtaline dans le lait, je pus constater qu'il n'y avait pas de coagulation, non seulement dans le délai ordinaire, mais même jusqu'au septième jour, tandis que des échantillons du même lait, qu'on laissait reposer sans plus y toucher, étaient tous coagulés en deux jours. Des échantillons du lait naphtalinisé avec la pompe de Meschenmoser pendant sept à neuf jours, et placés sous la cloche à naphtaline dans des verres à liqueur, étaient coagulés au bout de 24 heures à une température de 15° C; à la température de 8 à 10° C ils se conservaient pendant

[1] Koch, *Mittheilungen aus dem kaiserlichen Gesundheitsamte*. Berlin 1881, p. 263.

3 à 4 jours; le lait se coagulait instantanément quand on le chauffait légèrement sur une lampe à alcool. La réaction du lait était assez fortement acide. La coagulation du lait se faisait sans qu'il y eût trace de petit-lait. L'expérience faite avec la pompe de Meschenmoser fut continuée jusqu'au douzième jour, puis interrompue, sans qu'il y ait eu coagulation. A partir du sixième ou septième jour de l'expérience, on pouvait constater à l'odeur la présence de l'acide butyrique; à partir du cinquième jour on constatait au microscope la présence de microbes dans le lait; tout d'abord apparaissait le *Bacterium termo*, puis plus tard, et seulement à partir du septième jour, se montrait le *Bacillus subtilis*. La formation d'acide lactique, dont on ne pouvait constater au commencement que des quantités très faibles, augmentait constamment dans le cours de l'expérience. L'air naphtalinisé qu'on avait fait passer dans le lait avait évidemment retardé la formation de cet acide, et comme d'après Hoppe-Seyler cet acide se forme aux dépens du sucre de lait sous l'influence d'un ferment sécrété par la glande mammaire, et qu'au sortir de cette glande il se trouve dans le lait, il faut admettre la possibilité d'une action de la naphtaline sur ce ferment. Il est vrai que l'absence de coagulation du lait pouvait aussi être attribuée à une action de l'oxygène de l'air atmosphérique qui avait pénétré dans le lait pendant l'aspiration. Je modifiai donc mon expérience, et je pris deux portions égales de lait (un quart de litre chaque fois), que je traitai de la manière que je viens d'indiquer; seulement je fis passer à travers l'une des portions simplement de l'air, et à travers l'autre de l'air naphtalinisé. Tout d'abord aucune des deux portions ne se coagula; cependant je pus constater entre elles les différences suivantes :

1° De petits échantillons pris à partir du septième jour, se coagulaient en 24 heures dans une chambre chauffée ; le lait traité par l'air ordinaire se coagulait avec formation de petit-lait, le lait traité par l'air naphtalinisé, sans formation de petit-lait.

2° Le lait traité par l'air contenait à partir du sixième ou du septième jour une quantité d'acide lactique plus considérable que l'autre.

3° Des échantillons du lait traité par l'air, pris du septième au douzième jour, neutralisés et chauffés, prenaient une odeur d'acide butyrique; cette odeur était à peine perceptible dans les échantillons correspondants du lait traité par l'air naphtalinisé.

4° Le douzième jour l'expérience fut interrompue, et on laissa reposer les échantillons dans la chambre chauffée : le lait traité par l'air se coagula après 24 heures, l'autre lait ne se coagula que le troisième jour.

A l'aide de ces expériences je crois avoir établi que la naphtaline exerce une influence sur les transformations chimiques du lait ; je suis toutefois bien loin de pouvoir expliquer suffisamment cette influence.

b) Action sur les *microbes du lait.* Les deux portions de lait, dont nous venons de parler, contenaient à partir du cinquième jour environ, des microbes; d'abord, et presque exclusivement, le *Bacterium termo,* auquel venait se joindre à partir du septième ou du huitième jour, le *Bacillus subtilis.* Une formation beaucoup plus considérable de microbes paraissait avoir eu lieu dans le lait traité par. l'air. Mais c'est sur le *petit-lait* que nous pouvons prouver, d'une manière rigoureuse, l'action de la naphtaline sur les microbes du lait.

Après avoir attendu que le lait se soit coagulé, on filtre à travers un linge pour séparer la caséine du petit-lait ; puis on filtre ce dernier trois ou quatre fois à travers du papier à filtrer suédois, pour obtenir un sérum aussi clair et transparent que possible. Dans ce sérum se trouvent le plus souvent des microbes, bien qu'en petit nombre. Si on l'expose à l'air, ou si on le met sous une cloche, on en voit bientôt la surface se couvrir de moisissures ; le plus souvent déjà au bout de 24 heures, il se produit un trouble très prononcé dû à une formation énorme de micrococcus et de bactéries; il y a en même temps dégagement de gaz provenant de la décomposition. Aucun de ces phénomènes ne se présente, si l'on expose le sérum à l'air naphtalinisé; dans ce cas, le sérum reste pendant des semaines et des mois aussi clair qu'au commencement de l'expérience, il ne se dégage pas d'acides volatils (acide butyrique), et les microbes qui s'y trouvaient peut-être au commencement de l'expérience, se déposent au fond et dépérissent. Cette expérience réussit toutes les fois qu'on ne prend qu'un petit verre à liqueur plein de sérum (30 à 50 gr.). S'agit-il d'en conserver de plus grandes quantités (150 à 200 gr.), il faut y ajouter de la naphtaline en poudre. Pour réfuter l'objection que c'est l'acidité prononcée du sérum qui empêche la formation des bactéries, organismes extrêmement sensibles à une grande acidité, on n'a qu'à comparer les échantillons de contrôle où le sérum contient la même quantité d'acides: les microbes y pullulent après 1 ou 2 jours. L'on peut même neutraliser en tout ou en partie le sérum exposé à l'action de la naphtaline, sans pour cela y trouver trace de microbes.

Il résulte de ces expériences que la vapeur de naphtaline est un poison énergique pour les microbes qui se forment dans le sérum du lait, et que cette vapeur empêche non seulement la formation des microbes, mais arrête aussi celle qui a déjà commencé. Si l'on expose à son influence du sérum couvert d'*oidium* et rendu trouble par la présence de bactéries, les champignons se désagrègent, puis, au bout de 10 à 15 jours environ, le liquide commence à se clarifier, preuve que la décomposition se ralentit. L'avenir nous apprendra si la naphtaline peut détruire d'une manière durable les spores des bactéries.

3° Expériences avec le *sang* et le *pus*.

Des échantillons de pus frais d'abcès froids ou d'abcès chauds, en partie pur, en partie mêlé de sang, étant exposés à la vapeur de naphtaline en couche mince, le pus reste pendant des semaines sans dégager d'odeur de putréfaction. Cependant, dans la seconde semaine, des bactéries en très petit nombre se présentent généralement dans le dépôt (caillots, flocons et globules de pus), probablement parce que la vapeur ne peut pas pénétrer en quantités suffisantes dans ce dépôt. Par la même raison, on ne réussit pas à empêcher complètement la formation de microbes dans un pus épais, de consistance crémeuse. Mais si l'on délaye ce pus ou du sang dans de l'eau, et qu'on filtre, le liquide reste des semaines sans se décomposer; je l'ai constaté jusqu'à présent pour 2 $^1/_2$ à 3 semaines. Si l'on veut empêcher complètement la putréfaction des caillots de sang, des flocons et des globules de pus, il faut les triturer aussi intimement que possible avec de la naphtaline pulvérisée. Comme il n'y a point d'inconvénient à répandre la poudre de naphtaline directement et en grandes quantités sur les plaies, de telle manière que leurs sécrétions soient obligées de traverser une couche épaisse de naphtaline avant d'arriver à l'air, on peut de cette façon exercer une très forte action antiseptique sur la plaie. Même s'il se produisait des microbes dans les pièces extérieures du pansement, ils pourraient difficilement arriver jusque sur la plaie. J'ai souvent examiné au microscope des sécrétions provenant de plaies pansées à la naphtaline; dans la plupart des cas, surtout si les sécrétions n'étaient pas trop abondantes, les microbes manquaient complètement, et ce n'est que très exceptionnellement qu'on trouvait dans les couches externes du pansement de faibles formations de micrococcus, réunis par paires ou sous forme de chaînes. Jusqu'à présent je n'ai jamais constaté dans de pareilles sécrétions ni bactéries, ni développement de microbes par colonies entières. Les microbes manquent absolument dans la poudre de naphtaline, de même qu'au-dessous de la poudre, si celle-ci a été étendue sur la plaie en quantités suffisantes. — Je ne suis pas à même d'élucider la question si, parallèlement à cette action sur les microbes, la naphtaline peut en exercer une semblable sur les ferments non organisés contenus dans les sécrétions des plaies.

4° Expériences avec le *liquide de l'hydrocèle.*

Le liquide de l'hydrocèle frais peut être traité de la même manière que l'urine fraîche (voir plus haut, pag. 39 et suiv.). Placé sous la cloche à naphtaline, il prend généralement en très peu de temps une odeur prononcée de naphtaline, et reste complètement clair et libre de microbes pendant une période relativement longue. Pourtant je n'ai pu vérifier cela que pour une durée de 12 à 14 jours, des circonstances particulières m'ayant forcé à interrompre mes expériences. Dans les échantillons de contrôle sans naphtaline j'ai pu constater, à partir du cinquième jour, un trouble augmentant rapidement ainsi qu'une formation de microbes. Si le liquide de l'hydrocèle est mêlé de flocons, il est convenable de le filtrer avant l'expérience, ou du moins de tapisser préalablement de naphtaline les parois internes du verre au moyen de la solution éthérée, et d'ajouter au liquide de la naphtaline pulvérisée, afin que les flocons qui se déposent soient soumis de toute façon à l'action de cette substance.

Pour apprendre si, indépendamment de son action sur les microbes, la naphtaline en exerce peut-être une semblable sur le *ferment non organisé*, qui entre en jeu dans la coagulation produite après le mélange du liquide de l'hydrocèle avec le sérum du sang frais (substances fibrinogène et fibrinoplastique), je fis les expériences suivantes au laboratoire de chimie physiologique de Strasbourg, avec le bienveillant concours de M. le professeur Hoppe-Seyler. Du liquide d'hydrocèle, provenant de différents malades, et qui avait séjourné pendant 1, 2, 3, 4, 5 ou 6 jours sous la cloche à naphtaline, fut mélangé avec du sérum de sang de lapin fraîchement préparé, puis replacé sous cette cloche. La coagulation eut lieu toutefois de la même manière que dans les échantillons de contrôle sans naphtaline. Dans un seul cas il arriva, sans cause connue, que la coagulation n'eût pas lieu. Le liquide de l'hydrocèle, qui dans ce cas avait déjà été exposé pendant 4 jours à l'influence de la naphtaline, avait encore été soumis pendant une heure environ dans l'appareil à double flacon de Hoppe-Seyler[1], et en même temps que le sérum du sang à l'action de l'air saturé de naphtaline. Ce procédé avait été employé afin de faire agir autant que possible la vapeur de naphtaline sur les deux liquides avant de les mélanger. La coagulation n'eut pas non plus lieu dans l'expérience de contrôle, où les deux liquides n'avaient pas été traités par cet appareil. La cause en resta inconnue. Il était

[1] Voy. Hoppe-Seyler, *Ueber die Einwirkung des Sauerstoffs in Gährungen. Festschrift zur Feier des 25jährigen Bestehens des pathologischen Instituts zu Berlin.* Strasbourg 1881, p. 5 et suiv.

de prime abord peu probable qu'on obtiendrait dans ces expériences une action de la naphtaline sur le ferment, puisque ce dernier provient du sang. Le sérum du sang lui-même ne peut malheureusement pas être exposé d'une manière analogue, et pendant des jours entiers, à l'action des vapeurs de naphtaline, parce qu'il subirait de toute façon des altérations qui en empêcheraient la coagulation lors de son mélange avec le liquide de l'hydrocèle.

L'expérience suivante, faite avec le *ferment de l'urine,* démontre toutefois qu'on ne peut pas refuser complètement à la naphtaline une certaine action sur les ferments non organisés. M. Musculus, pharmacien en chef de l'hôpital civil de Strasbourg, voulut bien me céder du papier à filtrer préparé d'après une méthode qui lui est propre, et imprégné de ce ferment. Conservé dans ce papier, ce ferment garde son efficacité pendant des mois et des années. Si l'on badigeonne ce papier chargé de ferment avec de la teinture de curcuma, qu'on laisse sécher et qu'on badigeonne ensuite avec une solution aqueuse d'urée, celle-ci se décompose aussitôt sous l'influence du ferment : le papier-ferment teint en jaune se colore en brun par la formation de carbonate d'ammoniaque. Si l'on expose préalablement le papier-ferment pendant un jour à l'air naphtalinisé, l'action du ferment se trouve considérablement affaiblie : la coloration brune, qui dans l'expérience de contrôle avait commencé déjà 1 minute après le badigeonnage de la solution d'urée, ne se montra qu'au bout de 10 à 15 minutes après le traitement sous la cloche à naphtaline. En plaçant la solution d'urée pendant une journée sous cette cloche, la solution appliquée ensuite sur le papier-ferment qui n'avait pas été exposé à la naphtaline, ne produisait la coloration brune qu'après 3 à 4 minutes, au lieu d'une minute comme précédemment ; la solution naphtalinisée étant appliquée sur du papier-ferment, exposé auparavant à la même influence durant une journée aussi, on ne vit pas encore, une demi-heure plus tard, la moindre trace de décomposition d'urée se manifester par une coloration brune du papier-ferment. De cette expérience il s'ensuit que la naphtaline exerce une action assez intense sur le ferment de l'urine. Il est probable que cette action suffisamment prolongée rendrait le ferment complètement inactif; mais je n'ai pas encore poursuivi l'expérience jusqu'à ce point.

5° Expériences avec de la *chair musculaire*.

En exposant de la chair musculaire à l'air naphtalinisé, la putréfaction n'est que différée, elle n'est pas supprimée. Il est évident que les vapeurs dégagées par la naphtaline n'exercent leur influence que sur les couches les plus superficielles, et ne pénètrent pas dans les couches plus profondes. Avant tout, il leur sera impossible de pénétrer dans la fibre musculaire elle-même. Pour que leur effet puisse se produire ici, il faudrait hacher la viande aussi menu que possible, la triturer dans le mortier jusqu'à finesse extrême, et la mêler enfin de la façon la plus complète à de la naphtaline pulvérisée elle-même le plus finement possible, pour réaliser le contact le plus intime. Au lieu d'exécuter ces dernières expériences avec de la chair musculaire, je passai immédiatement à des expériences avec du pancréas, la chair la plus encline à la putréfaction.

A cette occasion, je dois avouer que jusqu'à présent je n'ai pu obtenir de résultats satisfaisants avec les solutions d'extrait de viande ; je ne pus réussir à les rendre libres de tout microorganisme. Sans doute, il conviendra d'opérer ici d'une façon analogue à celle qui a été employée pour la lie de vin (voyez ci-dessus, p. 37

et suiv.), de saturer préalablement de vapeurs de naphtaline l'eau destinée à dissoudre l'extrait de viande, de laisser séjourner quelque temps cet extrait de viande, après l'avoir trituré de son côté avec de la naphtaline, etc.

6° Expériences avec du *pancréas*.

Si l'on hache très menu du pancréas frais, qu'on le triture ensuite dans un mortier le plus finement possible, et qu'on le mêle finalement d'une manière intime avec de la poudre de naphtaline, il se manifeste un retardement considérable de la putréfaction, ainsi que du développement des microbes. Tandis qu'à la température ordinaire des appartements le pancréas sans naphtaline entre promptement en putréfaction après 24 à 36 heures déjà, on ne constata que le 5° jour une odeur putride appréciable, pour des portions de pancréas mêlées par trituration avec des quantités de naphtaline égales à 10, 20 et 30 °/₀ du poids de pancréas employé; en même temps l'examen microscopique démontra la présence de microbes, mais en nombre relativement restreint. Du 5° au 6° jour un développement plus intense de gaz se produisit, de sorte que la substance pancréatique réduite avec la naphtaline à l'état de purée paraissait lever comme de la pâte. Une seconde trituration avec 10 à 20 °/₀ de poudre de naphtaline retarde encore de quelques jours la décomposition ultérieure, si intense sans cela. Cependant la décomposition des matières albuminoïdes s'accomplissant avec formation de produits pareils à ceux de la putréfaction bactérienne, en l'absence totale d'organismes, et, par la seule action des ferments pancréatiques, on comprendra que la production de gaz putrides ne constitue pas par elle-même un criterium permettant de reconnaître si, oui ou non, la naphtaline exerce une action sur les microbes. A cet effet, il faut avoir recours à l'examen microscopique. Or de prime abord il me semblait peu probable que la trituration du pancréas avec de la naphtaline aurait pour effet d'empêcher absolument le développement des organismes microscopiques. De fait pour atteindre ce but il serait nécessaire d'effectuer le contact le plus intime possible entre des particules infiniment petites de pancréas d'une part et de naphtaline de l'autre, résultat idéal qui, comme chacun sait, est loin d'être réalisé à l'aide d'un simple couperet et d'un mortier.

Le développement de microbes ne peut être empêché non plus, si l'on fait macérer dans de l'eau du pancréas haché, qu'on filtre et qu'on traite le liquide ainsi obtenu par la naphtaline, soit en le mettant simplement sous la cloche, soit en le faisant traverser par de l'air naphtalinisé, soit enfin en maintenant de l'air ainsi modifié en contact permanent avec le liquide pancréatique au moyen de l'appareil à flacon unique de Hoppe-Seyler[1].

Après avoir acquis la conviction, à la suite d'un grand nombre d'expériences avec du pancréas, qu'au moyen de la naphtaline on ne pourrait atteindre dans ce cas complètement le but proposé, j'examinai si peut-être l'iodoforme, tant vanté dans ces derniers temps, et présentant une grande analogie avec la naphtaline par ses propriétés physiques (agrégation, solubilité, volatilité), serait capable de provoquer un effet plus intense. Les résultats démontrèrent que l'action de l'iodoforme sur le pancréas était notablement inférieure à celle de la naphtaline. Même en triturant ensemble des poids égaux d'iodoforme et de pancréas, on constatera dès le 3e jour la putréfaction et le développement bactérien les plus

[1] l. c.

prononcés. L'effet est pareil, si l'on fait agir les vapeurs d'iodoforme sur un macéré pancréatique, de la même manière que dans les expériences avec la naphtaline. Ensuite je répétai une partie des expériences décrites p. 33-39, concernant les champignons des moisissures, mais en remplaçant la naphtaline par l'iodoforme ; je trouvai que tout en empêchant le développement de spores venant d'être ensemencées, ce dernier n'arrêtait pas la croissance des champignons en plein développement et ne faisait que la ralentir. De sorte que là aussi l'effet de l'iodoforme était incontestablement moindre que celui de la naphtaline. Même résultat, en faisant agir l'iodoforme sur de l'urine ; je n'ai pas réussi moyennant la vapeur de ce corps à conserver de l'urine plus de 7 jours libre d'organismes, à la température des appartements.

Ces quelques expériences comparatives m'autorisent à mettre en doute l'assertion que l'iodoforme possède des propriétés antiseptiques ou antibactériques très intenses ; à coup sûr, je les estime inférieures à celles de la naphtaline, sans vouloir par là rabaisser le moins du monde la valeur de l'iodoforme pour les pansements.

7° Action de la naphtaline sur les *bactéries pigmentées.*

a) Action sur les *organismes de la suppuration bleue.*

Le pus dit pus bleu s'observe assez fréquemment à la clinique chirurgicale de Strasbourg. Dans quelques cas, il se produisit également sous des pansements à la naphtaline, mais on remarquait que le développement des microbes n'avait lieu que sur les bords du pansement et dans ses couches superficielles. En effet, quand on appliquait sur la plaie une quantité plus considérable de naphtaline en substance, le développement des microbes faisait complètement défaut, et en particulier la poudre de naphtaline gardait sa belle blancheur et n'offrait pas trace de coloration bleue. Aussi quand une plaie (ulcère de jambe) qui, de même que la peau avoisinante, est infectée d'organismes de la suppuration bleue et présente une coloration bleue, est traitée avec de la naphtaline en substance, le développement des microbes est arrêté à l'instant à tous les endroits où celle-ci a été appliquée, et en quelques jours la coloration bleue a disparu.

b) Effet sur le *Micrococcus cyaneus*.

A diverses reprises, des micrococcus bleus sous forme de *Zooglœa* s'établirent sur la crème de portions de lait non traitées à la naphtaline et servant au contrôle des expériences ; ces micrococcus étaient constamment associés à l'*Oidium lactis*. En mettant ces portions de lait sous la cloche à naphtaline, les végétations d'oidium se désagrégeaient rapidement, et le développement des micrococcus était interrompu. D'un autre côté, les inoculations de micrococcus faites sur des portions de lait qui avaient été exposées aux vapeurs de naphtaline restèrent toutes sans aucun résultat, tandis qu'elles réussissaient presque toujours avec du lait n'ayant pas subi ce traitement. Comme pas une seule fois on ne vit apparaître des bactéries pigmentées à la surface du lait naphtalinisé, et que toutes les inoculations avec ces bactéries y restèrent stériles, il faut nécessairement attribuer ce résultat à l'influence de la naphtaline sur ces organismes microscopiques.

8° Effet de la naphtaline sur le *Bacillus butylicus*.

M. le docteur Albert Fitz, de Strasbourg, eut la complaisance d'instituer quelques expériences à l'effet d'établir quelle était l'action des vapeurs de naphtaline sur le développement du *Bacillus butylicus*, cultivé par lui à l'état d'isolement. Dès la première expérience l'effet fut si marqué que le résultat me suffit. L'expérience fut conduite de telle sorte, qu'avant l'ensemencement on plaça le liquide nutritif pendant 1 à 2 heures sous une cloche où se trouvait un verre de montre chargé de naphtaline, de façon qu'au moment de l'ensemencement le liquide avait déjà absorbé une faible quantité de vapeurs. Cela suffit pour retarder le développement du bacillus à tel point, qu'il était hors de doute que la suppression complète serait obtenue, si l'expérience était exécutée d'une façon analogue à celle qu'on a décrite pour le ferment vinique.

Ce qui précède prouve que la naphtaline possède des propriétés antibactériques. Je regrette de n'avoir pu disposer de bactéridies charbonneuses, pour constater si elle n'agit pas également sur ces dernières. En considérant que pour conserver libre d'organismes microscopiques un verre à boire plein d'urine, il suffit d'une quantité de naphtaline si minime qu'elle est presque impondérable, on sera en droit de ranger la naphtaline parmi les meilleures des substances antiseptiques qui soient connues et éprouvées jusqu'à ce jour.

Les expériences décrites p. 32 et suiv. ont été exécutées pendant les vacances d'automme de 1881 et au commencement du semestre d'hiver de 1881/82. On avait employé la meilleure des naphtalines qu'on pût se procurer à cette époque, et que nous fournissait la maison Trommsdorff à Erfurt, renommée pour ses produits. Aussi je considérais cette naphtaline comme suffisamment pure pour pouvoir faire abstraction de la présence possible de quantités minimes de substances accessoires. Cependant comme de fâcheux symptômes (urines foncées, plaies douloureuses, etc.) se produisaient parfois à la clinique chirurgicale de Strasbourg, M. le docteur Gustave SCHULTZ, *privatdocent* de chimie en cette ville, soumit à ma prière la naphtaline en question à une analyse minutieuse, qui prouva que le *naphtalinum albissimum resublimatum* de la maison Trommsdorff n'était qu'approximativement libre de bases quinoliques et de phénols. M. SCHULTZ mit en outre à ma disposition quelques échantillons de naphtaline *complètement purifiée* (chimiquement pure). MM. Ohlgardt et Cie à Kehl (Bade) préparèrent ensuite en grand cette naphtaline chimiquement pure, qui est employée depuis le mois de mars 1882 à la clinique chirurgicale de Strasbourg. J'ai fait moi-même quelques expériences avec cette naphtaline pure, pour m'assurer si son action sur les microbes était identique à celle de la naphtaline Trommsdorff. Je pus établir qu'elle provoquait les mêmes effets, quoique un peu affaiblis. Pour en citer un exemple, la naphtaline chimiquement pure mettait d'ordinaire un peu plus de temps pour tuer les microphytes développés à la surface d'un liquide. Des mouches, des cousins, des araignées etc., exposés à la naphtaline Trommsdorff (voir p. 57), succombaient après 10 à 15 minutes, tandis que dans la naphtaline Ohlgardt leur existence se prolongeait de quelques minutes; il n'y avait donc pas de différence quant au résultat final. Pour retarder ou empêcher le développement des microbes dans l'urine ou dans d'autres liquides, il était généralement nécessaire de faire usage de plus petites quantités d'urine et de cloches plus grandes qu'en employant la naphtaline Trommsdorff. Evidemment les produits accessoires dont cette dernière contient des traces, et qui grâce à leur volatilité se font déjà remarquer à l'odorat, ont une action propre, quoique secondaire.

II. Action de la naphtaline sur les animaux inférieurs.

Depuis que la naphtaline a été employée en grande quantité à la policlinique chirurgicale de Strasbourg, les médecins, les infirmiers et les étudiants qui y sont occupés, ont été beaucoup moins incommodés par la vermine que les malades y apportent tous les jours. Pendant les pansements, il était tombé une plus ou moins grande quantité de cristaux de naphtaline sur le plancher de la salle des consultations. Son action bienfaisante se manifestait par la désinfection constante, tant locale que générale, due à son évaporation dans l'air de la salle; on remarquait surtout l'absence presque complète des nombreuses *puces* qui autrefois sautaient partout. On fut naturellement amené à essayer aussi cette action parasiticide contre d'autre vermine, telle que le *poux de la tête*, le *poux du pubis*, en premier lieu contre l'*acare de la gale*, ce qui permit d'établir que ces animaux n'étaient pas en état de résister à la naphtaline. Les *mouches*, les *cousins*, les *araignées*, etc., exposés à l'action des vapeurs de naphtaline, sont étourdis au bout de peu de temps, tombent le plus souvent sur le dos et périssent bientôt, si l'on ne les remet pas au grand air. Plus ces insectes sont grands, plus ils peuvent supporter de naphtaline[1]. Ce produit

[1] Dans le *Bulletin de la Société d'encouragement pour l'industrie nationale*, Paris 1867, p. 737, il y a la note suivante relative à l'action de la naphtaline sur les insectes: «M. Pelouze (Eugène) adresse à la Société une étude sur l'emploi de la naphtaline pour empêcher les plantes d'être attaquées par les insectes. Il résulte des expériences nombreuses de M. Pelouze que la naphtaline ne détruit pas les insectes, mais les fait fuir. Cet agent préservateur n'a besoin d'être employé qu'à très petites doses, et peut rendre ainsi de grands services à l'agriculture. (Comité d'agriculture).» Il résulte de mes expériences, que les observations de M. Pelouze ne sont pas toujours entièrement exactes.

est déjà adopté depuis plusieurs années comme préservatif contre les *teignes*, non-seulement dans les musées, où il sert surtout pour les collections d'insectes, mais aussi chez les pelletiers et dans les ménages, et l'on peut par analogie recommander son usage contre les insectes en général, surtout en été. Dans les casernes on emploie également avec succès la naphtaline contre l'envahissement des insectes, parmi lesquels il faut nommer tout d'abord les *punaises*.

Il est donc probable que la naphtaline pourra être employée avec avantage dans toutes les affections de la peau provenant de parasites d'ordre végétal ou animal. Parmi ces maladies, c'est la gale qui est la plus fréquente. Aussi la naphtaline fut-elle d'abord essayée sur les galeux, à la policlinique chirurgicale de Strasbourg, pendant les vacances d'automne de l'année 1881.

1° Action de la naphtaline sur la *gale*[1].

A la policlinique chirurgicale de Strasbourg, on employait une pommade composée à parties égales de naphtaline et de vaseline. Le traitement se bornait le plus souvent à une friction énergique de la peau avec cette pommade; après quoi le malade était renvoyé chez lui. La pommade reste quelques jours sur la peau, et grâce à son odeur débarrasse en même temps le patient de toute autre vermine (poux du corps, puces). Cette fric-

[1] Le professeur FÜRBRINGER de Iéna s'est servi avec succès de la naphtaline contre la gale de la manière suivante: il employait pour la cure de chaque malade environ 100 à 150 gr. d'une simple solution de naphtaline dans de l'huile de lin à 10 ou 12 %. Les inconvénients qui se sont montrés, d'après son rapport (in *Berliner klinische Wochenschrift*, 1882, n° 10), chez plusieurs des malades traités par lui, provenaient évidemment de ce qu'il avait employé, de même que le Dr ANSCHÜTZ de Königsberg, de la naphtaline impure; c'est précisément ce que ce savant a eu l'obligeance de me communiquer dans une lettre.

tion, que chaque malade peut se faire lui-même à la maison, devra être répétée au bout de quelques jours, si la guérison complète de la gale se fait attendre. La quantité de pommade à appliquer varie avec l'étendue de la surface malade et l'intensité de l'affection, et peut aller jusqu'à 100 gr. chez l'adulte. Il est évident que le succès sera plus complet et plus sûr, si l'on fait précéder un traitement préparatoire, analogue à celui qui fait partie de la méthode de Vlemingkx, à savoir : frictions générales d'une demi-heure avec le savon noir, bain tiède d'une demi-heure et frictions avec du savon pendant ce temps. Comme la plupart des galeux sont traités de nos jours aux consultations mêmes et sans rester à l'hôpital, l'odeur pénétrante de la naphtaline peut quelquefois devenir très gênante pour leur entourage. Cet inconvénient est signalé dans la thèse de BONNING, où l'on trouvera aussi des détails sur les résultats du traitement de la gale par la naphtaline à la clinique chirurgicale de Strasbourg.

2° *Herpès tonsurant.*

Le Dr Alfred WOLFF, *privatdocent* à Strasbourg, a employé la pommade à la naphtaline dans 2 cas d'herpès tonsurant, et a obtenu une guérison complète en 15 jours, tandis que le professeur FÜRBRINGER[1] n'a pas obtenu de résultats appréciables par la médication naphtalinée.

3° La naphtaline employée sous forme de pommade, se montra aussi très efficace dans 2 cas d'*eczéma marginatum Hebra*, et détermina la guérison en 15 jours.

4° Dans 2 cas de *favus* chez des enfants, l'emploi de la pommade à la naphtaline produisit une telle amélioration en quelques semaines, que des examens microsco-

[1] l. c.

piques répétés démontrèrent l'absence de champignons à la racine des cheveux épilés (au début du traitement on avait rasé les cheveux) ; toutefois les 2 patients étant rentrés chez eux, je ne suis pas à même de donner des renseignements exacts sur la persistance de la guérison.

Ces quelques observations peu nombreuses encore, sur la vertu curative de la naphtaline dans les affections parasitaires de la peau, suffisent pourtant pour engager les spécialistes de cette branche de la médecine à faire de nouvelles expériences.

Chapitre III.

Emploi de la naphtaline dans les maladies internes.

Les vapeurs de naphtaline étant relativement inoffensives pour l'organisme humain, même si elles sont respirées longtemps et en grandes quantités, il était naturel de songer à les utiliser dans ces maladies de l'*appareil respiratoire*, dans lesquelles se développent des *micrococcus* et des *bactéries* ainsi que des *champignons* (dans la scarlatine, la diphtérie, les affections pulmonaires, etc.). Je m'entendis donc avec M. le professeur Kohts, qui eut la bonté d'employer la naphtaline à l'hôpital de Strasbourg au service des enfants atteints de *scarlatine* ou de *diphtérie*. On la sema en grandes quantités sur le plancher des salles, en partie aussi sur les lits des malades, de façon à obtenir en peu de temps une atmosphère fortement imprégnée de ses vapeurs. D'après ce professeur, on n'a observé, depuis l'emploi de ce désinfectant, aucun cas où la scarlatine ou la diphtérie se soit communiquée par contagion dans les salles mêmes, ce qui arrivait fréquemment auparavant. Par contre, on ne put pas constater jusqu'à présent une influence sensible de la naphtaline sur la marche des diphtéries graves, soit qu'on en fît usage sous forme de vapeur mélangée à l'air et respirée avec celui-ci, soit sous forme d'applications locales, en pommade ou en solution éthérée.

DEUXIÈME PARTIE.

Emploi de la naphtaline en agriculture.

L'emploi de la naphtaline en médecine nous a conduits à employer cette substance aussi pure que possible, afin d'exclure tout effet nocif sur l'organisme humain ou animal, pouvant résulter des produits accessoires mêlés à la naphtaline impure. *En agriculture,* bien au contraire, *la pureté de la naphtaline est si peu nécessaire,* qu'à l'état de pureté imparfaite, ses effets sur les organismes parasitaires des plantes sont même légèrement rehaussés, sans impliquer le moindre détriment pour le végétal traité. Cet effet un peu plus intense du produit impur s'explique principalement par la présence de dérivés de la créosote et du phénol qu'on y constate ordinairement.

Cependant la naphtaline ordinaire du commerce (qui a subi tout au plus une purification incomplète), contenant ces produits accessoires en proportions très variables, je n'ai fait usage dans mes premiers essais concernant son emploi en agriculture que de naphtaline purifiée. Quant à certaines naphtalines du commerce renfermant une proportion excessivement grande de composés étrangers, ce qu'il est facile de constater à la couleur brune et l'odeur particulièrement intense que présentent ces produits, *je crois devoir conseiller de ne pas mettre ces naphtalines impures en contact immédiat avec les racines des plantes plus sensibles, telles que la vigne, mais de les en séparer par une mince couche de terre.* Il est vrai qu'une grande partie des substances étrangères mêlées à la naphtaline ordinaire se décomposent quelque temps après l'introduction dans le sol, et que ces substances disparaissent ainsi rapidement. C'est l'imbibition du sol par la pluie qui hâte principalement cette décomposition. En outre une partie considérable de ces substances accessoires est soluble dans l'eau, de sorte que la pluie entraînant celles-ci des endroits où la naphtaline avait été déposée, elles opèrent même à distance la désinfection du sol. De fait, dans l'emploi de la naphtaline en agriculture, le sol et la pluie prennent le rôle du chimiste pour purifier cette substance.

Quand il s'agit d'agriculture, il est nécessaire de tenir compte avant tout *de la naphtaline impure*, vu que *le prix de celle-ci est notablement inférieur au prix de la naphtaline purifiée. Il serait difficile d'imaginer une substance apte à détruire les parasites des plantes*, en première ligne donc *le phylloxera*, *qu'on obtiendrait à la fois en quantités si considérables et à si bas prix*, comme c'est le cas dès à présent pour la naphtaline impure.

D'après mes informations cette dernière se vend sur le marché de *Londres* à raison d'environ 30 fr. les 1000 kilos, livrés à bord. Il est vrai que je fais abstraction du prix des tonneaux employés pour l'expédition, mais qui deviendront superflus quand l'exportation se chiffrera par cargaisons entières. Dans ce dernier cas, il suffira de recouvrir la cargaison d'une façon quelconque pour la route (de bâches, de bois, etc.), la naphtaline étant insoluble dans l'eau. En tout cas, la proportion de naphtaline qui se perdrait par évaporation pendant le transport, serait sans importance pour les usages agricoles.

A *Paris*, un ami que je chargeai de s'enquérir des prix, me rapporta qu'on lui avait demandé 100 fr. par 1000 kilos.

A *Cologne*, on m'indiqua un prix d'environ 55 fr. les 1000 kilos pour la naphtaline en tonneaux.

Tous ces prix baisseront encore considérablement par la concurrence inévitable qui s'établira dans l'ancien et le nouveau monde, du moment que l'importance de la naphtaline pour la destruction du phylloxera sera universellement reconnue. L'éventualité d'une pénurie de ce produit, par suite de son emploi sur une vaste échelle, est exclue de prime abord, en présence de l'immense extension de la fabrication du gaz de l'éclairage.

Quoi qu'il en soit, les différences de prix entre la naphtaline ordinaire et la naphtaline chimiquement pure sont dès maintenant très grandes ; ainsi que nous l'avons fait remarquer auparavant, cette dernière, prise chez MM. Ohlgardt et Cie à Kehl (Bade), reviendrait à 1250 fr. les 1000 kilos (prix de détail).

Dès l'origine de mes expériences sur l'emploi de la naphtaline en médecine, expériences qui datent de l'automne de 1881, j'avais conçu l'idée de tenter une application de ce corps à la destruction d'organismes parasitaires vivant sur des végétaux, et principalement à la destruction du *phylloxera.* Toutefois je jugeai convenable de remettre au printemps les expériences spéciales que je comptais entreprendre sur des vignes. La raison en était que d'un côté l'œuf du phylloxera, déposé l'automne précédent sur la partie souterraine du cep, où il passe l'hiver immédiatement sous la surface du sol, éclot au printemps, et qu'en même temps qu'apparaissent de nouvelles pousses de la vigne, les femelles du phylloxera qui se trouvent dans le sol sortent de leur engourdissement pour commencer leur œuvre de destruction.

Pour être à même d'instituer mes expériences aux premiers jours du printemps de 1882, je tâchai au mois de février de la même année, d'entrer en relations avec des propriétaires de vignobles phylloxérés en Allemagne, en France, et en Espagne.

Au mois de février 1882 je m'adressai à Ahrweiler, à un propriétaire de vignes, dans l'intention d'éprouver les effets de la naphtaline sur des ceps malades se trouvant dans les environs. Mais la désinfection du district infesté avait déjà été faite.

Le 3 mars 1882, je présentai au *Ministère de l'Agriculture* à Paris un exemplaire de mon travail sur les effets de la naphtaline, publié dans la *Berliner klinische Wochenschrift* en 1882 (n° 8 et 9). Cet exemplaire était accompagné d'une lettre, dont voici la traduction :

« Le soussigné a l'honneur de communiquer au « *Ministère de l'Agriculture* à Paris les résultats obtenus « à la suite d'une série d'expériences faites par lui dans « les mois derniers et détaillées dans la brochure ci-jointe. « La substance dont il est question, *la naphtaline*, se « distingue essentiellement de beaucoup d'autres produits « employés comme désinfectants, par la façon dont elle « agit sur les organismes parasitaires végétaux et animaux. « En effet, la naphtaline n'a point d'action nuisible ou « en a peu sur les plantes et sur les animaux supérieurs, « et en considération de cette qualité, ainsi que du bon « marché excessif de ce produit chimique, on pourrait « l'utiliser avec avantage *en agriculture* et de diverses « manières, dont voici les principales :

« 1° Application à la *désinfection des magasins* de « blés, de pommes de terre, de semences, fondée « sur ses propriétés anti-parasitaires (ainsi contre la «rouille des blés, le champignon de la pomme de «terre, etc.);

«2° Application des propriétés toxiques exercées par «la naphtaline sur les *animaux inférieurs* (insectes, «araignées, etc.) nuisibles dans l'agriculture. Il paraît «surtout utile d'entreprendre des expériences dirigées «contre le *phylloxera*, ce fléau de la vigne, attendu qu'à «l'aide de cette substance on pourrait espérer détruire «ce parasite, et cela sans avoir besoin d'arracher les «ceps atteints du vignoble qu'il s'agirait de désinfecter.

«En priant le *Ministère de l'Agriculture* de vouloir «bien prendre en considération ces propositions, et de «vouloir prêter son généreux concours à leur exécution, «je suis le très humble serviteur etc.

(suit la signature).»

Je ne sais si par ces propositions, j'ai réussi à appeler l'attention du gouvernement français sur l'expérimentation de la naphtaline dans les vignobles français, vu que je n'ai pas reçu de réponse [1].

Il ne me restait donc qu'un moyen, celui de l'initiative privée, pour constater par voie expérimentale l'*efficacité de la naphtaline pour la destruction du phylloxera en France*.

Déjà en février 1882, d'après les conseils de M. Gustave Winter négociant à Strasbourg, je m'étais adressé à la maison Wœlffer, Andreæ et Cie, négociants en vins à

[1] M. le prof. Carl Vogt, à Genève, président de la commission suisse du phylloxera, a reçu également un exemplaire de la brochure contenant mes recherches sur les effets de la naphtaline. Cette brochure, envoyée par moi le 30 avril 1882, était accompagnée d'une lettre explicative recommandant à titre d'essai l'emploi de la naphtaline pour la destruction du phylloxera. Jusqu'à ce jour je n'ai rien appris de l'application de la naphtaline en Suisse.

Bordeaux. Par leur intermédiaire, des essais pratiques avec de la naphtaline purent être exécutés au printemps de 1882 *aux environs de Bordeaux*, dans des vignes phylloxérées appartenant à M. Maurel à La Grave d'Ambarès. La naphtaline employée à cet effet fut remise le 1er mars par la maison Ohlgardt et Cie de Kehl, à MM. Seegmüller et Cie commissionnaires à Strasbourg, qui l'expédièrent à Bordeaux, où elle arriva dans le courant du mois de mars.

En attendant, je partis le 5 mars pour l'Espagne, pour prendre connaissance de l'état du phylloxera à Malaga; au retour je comptais passer par Bordeaux, où je voulais diriger en personne les expériences avec la naphtaline.

Le 1er mars 1882 j'avais adressé à la maison d'exportation de vins de MM. Scholz Hermanos *à Malaga*, un envoi de naphtaline, qui lors de mon arrivée à Malaga le 21 mars, n'était malheureusement pas encore rendu à destination. Ce qui me frappa pendant mon séjour dans cette ville, c'était la résignation d'une grande partie du public espagnol vis-à-vis de l'anéantissement de ses vignobles par le phylloxera, résignation qui contraste singulièrement avec l'intérêt qu'on prodigue à cette question en France. Cependant MM. Scholz à Malaga s'empressèrent de me mettre en rapport avec M. Prolongo, pharmacien dans la même ville, qui s'intéresse vivement à la question du phylloxera. Mais vu le manque de fabriques de produits chimiques dans les environs de Malaga, M. Prolongo émit l'avis que préalablement il ne pourrait être question d'amples expériences dans les vignobles de Malaga. Je quittai donc cette ville sans avoir pu expérimenter sur les lieux mêmes. Depuis je suis resté sans nouvelles sur l'emploi de la naphtaline dans les vignes de Malaga.

Mes fonctions de *privatdocent* à la faculté de médecine me rappelant à Strasbourg au mois d'avril 1882, je ne pus m'arrêter à Bordeaux autant que je l'aurais désiré. Les expériences avec la naphtaline que j'y avais fait expédier, furent instituées à La Grave d'Ambarès au printemps de la même année, en mon absence, mais d'après mes indications, dans la propriété de M. Maurel, que j'ai nommé plus haut. J'avais adressé à MM. Wœlffer, Andreæ et Cie à Bordeaux l'avis suivant : «Il s'agit de mettre à nu la racine du cep atteinte par l'insecte en creusant le sol à une petite profondeur, et de remplir la cavité ainsi obtenue de naphtaline, ou encore de naphtaline et de terre mélangées ; ensuite on recouvrira le tout de terre. La naphtaline placée à la racine du cep s'évapore lentement, et les émanations qui s'en dégagent constituent un poison pour le phylloxera comme pour tous les insectes, tandis que pour la plante elle-même il n'en résulte pas de dommage appréciable. Il deviendrait ainsi possible de conserver le cep atteint. A mon avis, une quantité d'environ 1 kilo serait parfaitement suffisante pour débarrasser un cep de ses parasites[1].» Sur ce, M. Andreæ m'informa qu'il avait fait procéder pour les ceps à La Grave d'Ambarès suivant mes instructions. Après que la racine des ceps désignés eut été mise à nu, ceux-ci *reçurent les uns $^1/_2$ kilo, les autres 1 kilo de naphtaline chacun*. De plus ces opérations furent faites dans deux terrains différents, savoir :

1° dans un vignoble au sol graveleux en majeure partie, c'est-à-dire mêlé de pierres et de sable,

2° dans un vignoble au sol se rapprochant de l'argile.

On choisit les pieds les plus malades, on mit à nu leur racine puis la naphtaline fut jetée, soit telle quelle,

[1] Le procédé est décrit plus explicitement p. 71 et suiv.

soit mélangée à de la terre dans la cavité qui fut comblée ensuite avec de la terre.

Le 20 juillet, M. Andreæ eut la bonté de m'écrire, que jusqu'à ce moment *les expériences n'avaient rien que de très rassurant. Les ceps traités à la naphtaline croissaient et montraient une végétation satisfaisante.*

Profitant des vacances, je me rendis le 18 septembre à La Grave d'Ambarès chez M. Maurel, de compagnie avec M. Andreæ. Je voulais *contrôler* en personne les résultats obtenus sur les ceps traités à la naphtaline, pour constater si les racines de ces derniers offraient de réelles différences en comparaison d'autres ceps phylloxérés, mais non soumis à mon traitement. Les trois personnes qui étaient avec moi, MM. Maurel et Andreæ, ainsi qu'un ouvrier employé à mettre à nu les racines, ont été témoins que ces différences étaient en effet capitales; savoir :

1° *La totalité des ceps traités à la naphtaline* (15 environ) *avaient poussé de nouvelles racines complètement indemnes de phylloxera* et qui, surtout dans le terrain argileux et aux ceps traités par 1 kilo de naphtaline, étaient remarquablement bien développées. Les nouvelles pousses radicales atteignaient jusqu'à une longueur de 15 à 20 cm, elles étaient garnies de nombreuses radicelles de finesse plus ou moins grande, et elles se trouvaient en telle abondance, que les personnes présentes déclarèrent les ceps en question sauvés et débarrassés du phylloxera. Si au point de vue du développement, le tronc et les feuilles de ces ceps ne se distinguaient pas encore essentiellement des autres ceps abandonnés à eux-mêmes, on peut néanmoins s'attendre à ce que dès le printemps de 1883 de pareilles différences se manifestent avec éclat, et que les ceps dont il s'agit recommencent à fructifier dans un délai de 1 ou 2 ans. Pour obtenir un point de comparaison plus sûr, on mit à nu de la même façon les racines de plusieurs pieds phylloxérés n'ayant pas subi de traitement à la naphtaline. On ne put découvrir aux racines les moindres rejetons sains de l'année. La plupart ne présentaient que la seule souche nue et dépouillée, tandis que sur les restes des racines plus jeunes, s'acharnaient d'innombrables phylloxeras. Il convient d'ajouter que les ceps traités à la naphtaline se trouvaient les uns au fond de la vallée dans un terrain relativement humide, les autres sur la hauteur dans un sol plus sec (voir page 68). Dans les deux terrains l'effet de l'insecticide était tout pareil : *disparition du phylloxera et formation abondante de nouvelles racines*, remarquable surtout aux ceps traités par 1 kilo de naphtaline. Les nouvelles pousses radicales avaient traversé en grand nombre la couche de naphtaline pour se développer ensuite dans le sol, et selon l'expression de l'ouvrier de M. Maurel, elles avaient pour ainsi dire *cherché la drogue*. C'est une preuve péremptoire de l'innocuité de la naphtaline vis-à-vis de la racine même du cep.

2° *En mettant à nu les racines des ceps traités* au printemps de la même année, que la quantité employée ait été de $^1/_2$ ou de 1 kilo, on retrouva encore partout, le 18 septembre, des quantités considérables de naphtaline non décomposée : preuve que l'*évaporation* de cette substance est *très lente*. Il suit de là que l'*effet* de ce carbure d'hydrogène *se continue durant une période notable*, et persiste peut-être des années.

J'avais remarqué, lors de cette visite du 18 septembre aux ceps en expérience, qu'au printemps on avait procédé de la façon suivante pour mettre à découvert les racines : à quelque distance (environ 1 pied) du tronc du cep, on avait recherché directement la racine courant horizontalement dans le sol, et on avait répandu la naphtaline dans la cavité faite, de façon à en entourer immédiatement la racine déterrée. Néanmoins le collet de la racine lui-même avait produit de nombreuses pousses nouvelles, et cela non seulement du côté regardant l'endroit où était enfouie la naphtaline, mais tout autant du côté opposé. J'ai constaté ce même fait à différentes reprises en examinant les pieds traités à la naphtaline. De plus je croyais pouvoir établir qu'une partie des pousses radicales partant du côté opposé au dépôt de naphtaline, avaient rebroussé chemin après avoir atteint une longueur de quelques centimètres, pour se diriger en droite ligne vers la naphtaline. Quoi qu'il en soit de cette dernière observation, il est clair qu'en s'évaporant, la naphtaline déposée dans le sol avait imprégné celui-ci dans tout le rayon radical du cep, de façon à rendre impossible l'existence du phylloxera.

Tous ces faits une fois constatés, je considère comme étant assez *indifférente* la *saison* dans laquelle on procéderait à l'*enfouissement de la naphtaline* auprès de la racine ; car son évaporation se produit à toute température, quoique plus rapidement par une température chaude que par une froide. Il est vrai que la naphtaline fera sentir *son effet beaucoup plus vite au printemps*, au moment où la belle saison rétablit une vie active dans la végétation. Mais qu'on la dépose en automne ou en hiver près du cep, ses propriétés désinfectantes et antiphylloxériques se manifesteront également à ces époques de l'année, et les quantités de naphtaline qui subsisteront jusqu'au printemps, continueront alors le travail de désinfection.

Ceci admis, il me semble qu'il serait possible de diminuer les frais et le travail dans l'application de la naphtaline sur des pieds de vigne. Rien ne paraît empêcher en effet de déposer ce produit dans le sol *en même temps qu'on y déposerait le fumier destiné au vignoble.* La manière dont on combinerait ces deux opérations, dépendrait des procédés de fumure, variant avec les contrées.

A Bordeaux par exemple, où les ceps sont distants les uns des autres de 1 mètre environ, on procède ainsi : le sol est labouré avec une charrue attelée de bœufs, de façon à déchausser les pieds et à mettre à nu le tronc de la racine, dans une profondeur qui suffit à notre but ; ensuite on dépose le fumier auprès de la racine. Avant que le sillon ainsi garni de fumier ne soit de nouveau recouvert de terre, et précisément au moment qui précède cette opération, on pourrait jeter la naphtaline sur le fumier dans le voisinage de la racine.

On pourrait simplifier aussi le mode d'application pratiqué dans les premiers essais du printemps de 1882 à La Grave d'Ambarès, près Bordeaux. Voici comment : *tout autour du cep on enlèverait la terre dans une profondeur de 15 à 20 centimètres et dans un rayon de la largeur de la main environ; dans la fosse ainsi creusée on mettrait 1 kilo de naphtaline, formant par suite comme une ceinture au collet de la racine, après quoi la fosse serait comblée de terre.* Dans le cas d'un terrain très pierreux ou très sablonneux, il sera utile de piétiner légèrement la terre recouvrant la matière enfouie, sinon les vapeurs courront risque de pénétrer trop facilement dans l'atmosphère et de se perdre ainsi.

Au mois de novembre je me rendis de nouveau à Bordeaux et à La Grave d'Ambarès, pour examiner derechef les ceps traités par la naphtaline et faire constater l'état des choses.

Monsieur le maire de La Grave d'Ambarès a eu la bonté de me délivrer le certificat suivant qui rend compte du résultat de cet examen :

«Je soussigné Maire de la commune d'Ambarès, can-«ton du Carbonblanc, département de la Gironde, certifie «que m'étant rendu le sept novembre courant sur la de-«mande de Monsieur Maurel, propriétaire du domaine de «Bellevue, à La Grave d'Ambarès, pour vérifier les résul-«tats obtenus sur ses vignes phylloxérées au moyen d'une «matière fournie et appliquée sous la direction de Monsieur «Alexandre Andreæ de Bordeaux dans le courant du mai «1882, j'ai constaté les faits suivants :

«La matière insecticide a été employée sur le domaine «de Monsieur Maurel, dans deux terrains de nature diffé-«rente : l'un graveleux, l'autre argileux.

«Dans le terrain graveleux, j'ai constaté la formation «récente de quelques radicelles du collet de la vigne, mais «elles sont rares et d'un développement médiocre.

«Dans les terres argileuses, le bon résultat du trai-«tement s'accuse avec beaucoup plus d'évidence. Du collet «de la vigne, des radicelles nombreuses, formant un beau «chevelu, plongent déjà dans le sol et semblent promettre «pour l'année prochaine une bonne végétation.

«La différence des résultats obtenus peut tenir à la «nature du terrain et à l'époque du traitement.

«La matière ayant été employée au mois de mai seu-«lement, peut-être un peu tard, il serait possible que les «vignes des graves eussent manqué d'humidité pour com-

«mencer à reconstituer leurs racines, tandis que celles «plantées dans l'argile, favorisées tout l'été par l'humidité «que ce terrain conserve, se trouvaient dans des conditions «meilleures.

«Les vignes traitées étaient, lors de l'application de la «dite matière, dans un état désespéré, ainsi que l'indique «la taille qui leur avait été appliquée; du reste, les résul-«tats de ce premier traitement ne sont pas apparents sur «la partie aérienne de la vigne, dont les racines seules «ont commencé à se reconstituer.

«Les pieds de vignes voisins de ceux traités, et pa-«raissant très vigoureux, ont été déchaussés et examinés «avec soin, aucune trace de radicelle de formation récente «n'a pu être constatée.

«En foi de quoi j'ai délivré le présent certificat.

«Ambarès, 14 novembre 1882.

«*Le Maire*, A. CHARROU.»

Je priai ensuite Monsieur Coupérie de Bordeaux, secrétaire général de la Société d'agriculture de la Gironde, de se rendre compte personnellement des résultats obtenus à La Grave d'Ambarès. Cet examen des ceps en expérience eut lieu le 14 novembre en présence de Monsieur Coupérie, de Monsieur Winter, consul de l'empire allemand à Bordeaux, de Monsieur J. Maurel et de moi. Monsieur Coupérie eut la bonté d'en consigner le résultat dans le certificat suivant :

«Je certifie avoir assisté aux expériences antiphylloxé-«riques de M. Fischer, expériences consistant en une appli-«cation de naphtaline sur une quinzaine de ceps de vignes «très malades, formant le centre d'une tache phylloxé-«rique.

«L'opération a été faite fin mai 1882. Au mois de «novembre de la même année, j'ai constaté, en présence «de plusieurs témoins soussignés, qu'une grande quantité «de jeunes racines s'étaient développées sur les pieds traités; «les ceps voisins non traités en étaient dépourvus. — Les «pousses de ces quinze pieds étaient dans le même état «que celles des pieds non traités, ce qui peut s'expliquer «par l'application tardive du remède.

«Ces expériences ont été faites chez M. Maurel, pro-«priétaire à La Grave d'Ambarès (Gironde).

«Bordeaux, 14 novembre 1882.

«S. Coupérie.»

Monsieur le consul Winter se déclara en tout point d'accord avec Monsieur Coupérie quant aux résultats consignés dans ce certificat, et y apposa sa signature comme preuve d'adhésion [1].

Cependant l'emploi de la *naphtaline* n'est pas limité aux vignes déjà atteintes du phylloxera, son importance est tout aussi grande comme moyen ***prophylactique*** dans les ***contrées viticoles encore indemnes qui sont menacées par un voisinage où sévit le phylloxera.*** D'un autre côté, ce prophylactique serait non moins précieux dans les transports des pieds de vigne destinés au commerce ou à la transplantation.

Le procédé à suivre pour les ceps indemnes encore, mais menacés, devrait être identique avec le procédé employé pour les ceps envahis ; si ce n'est que la quantité

[1] Monsieur Coupérie eut de plus la bonté de me rendre attentif à une publication intitulée : *Phylloxera. Commission départementale de l'Hérault pour l'Etude de la maladie de la vigne. Expériences faites à Las Sorres près Montpellier etc.* Montpellier 1877, qui jusqu'à ce moment

de naphtaline pourrait être considérablement diminuée et réduite au quart environ.

Pour le transport de ceps destinés au commerce et à la transplantation, l'on pourrait se servir de caisses bien fermées. Il suffirait de répandre dans ces caisses une petite quantité de naphtaline, pour y réaliser une complète désinfection, et pour y créer une atmosphère qui tuerait pendant le transport tout phylloxera s'y trouvant renfermé, fût-ce même l'insecte ailé. Quant à la terre

m'était restée inconnue. La naphtaline s'y trouve mentionnée d'une façon superficielle aux pages 192 et 300, dans le procédé Baudet. On y lit ce qui suit :

PROCÉDÉS DE GUÉRISON.	ANNÉES.	CEPS TRAITÉS. Aspect du feuillage.	Longueur moyenne des sarments.	Poids des raisins de 25 ceps.	Degrés du moût.	Etat de végétation (coefficients).
PROCÉDÉ BAUDET. — Dépôt au pied des ceps de *naphtaline* provenant des huiles lourdes distillées du goudron de gaz. (333 grammes de naphtaline) *Dates des opérations :* 20 Mars 1874, 24 Mars 1875.	1874	Ass. vert	1m,10	»	»	11
	1875	Ass. vert	0m,90	28k,500	10°	9

CEPS NON TRAITÉS. Aspect du feuillage.	Longueur moyenne des sarments.	Poids des raisins de 25 ceps.	Degrés du moût.	Etat de végétation (coefficients).	COEFFICIENTS DÉDUITS.	OBSERVATIONS.
Ass. vert	1m,10	»	»	11	0	Les ceps traités et les ceps témoins ont un point d'attaque.
Ass. vert	0,m90	30k,750	8°	9	0	

dont on recouvrirait les racines des ceps à transporter, elle pourrait, le cas échéant, être additionnée également de petites quantités de naphtaline. Enfin les racines des ceps transplantés recevraient immédiatement une couche de naphtaline appliquée comme nous l'avons décrit, ce qui les prémunirait pour une assez longue période contre le phylloxera.

PROCÉDÉS DE GUÉRISON.	CEPS TRAITÉS.				
	Aspect du feuillage.	Longueur moyenne des sarments.	Poids des raisins de 25 ceps.	Degrés du moût.	État de végétation (coefficients).
PROCÉDÉ BAUDET. — Naphtaline provenant de la distillation des huiles lourdes de goudron de gaz. *Date de l'opération :* 6 Avril 1876.	»	0m,70	24k,000	7°50	7

CEPS NON TRAITÉS.					COEFFICIENTS DÉDUITS.	OBSERVATIONS.
Aspect du feuillage.	Longueur moyenne des sarments.	Poids des raisins de 25 ceps.	Degrés du moût.	État de végétation (coefficients).		
»	0m,70	20k,500	7°75	7	0	Six ceps traités sont affaiblis. — Un cep témoin est mort et quatre ceps témoins sont faibles. (Point d'attaque.)

Il est impossible, d'après ces courtes notices, de se rendre exactement compte de la cause qui a fait échouer ce procédé. La naphtaline a-t-elle été employée d'une façon irrationnelle, ou en trop petite quantité ? a-t-on négligé d'examiner les racines des ceps en expérience ? L'on ne sait à quoi il faut attribuer cet insuccès.

Remarques concernant d'autres applications de la naphtaline en agriculture et en économie domestique.

1° Aux pages 32 et suiv., nous avons démontré comment, sous l'influence des vapeurs de naphtaline, des fruits, des grains de raisin etc., peuvent être préservés des champignons des moisissures. Cependant je n'ai pu recueillir jusqu'ici assez d'observations, pour me prononcer sur l'application de la naphtaline en grand contre l'oidium, à l'effet de combattre cette maladie de la vigne, en détruisant les champignons qui la déterminent.

2° Je ne suis pas à même non plus de communiquer des expériences ayant trait à la suppression du champignon de la pomme de terre et de la carie de ce tubercule. Néanmoins je suis d'avis qu'il faudrait essayer de diminuer la carie des pommes de terre après la récolte, en désinfectant les caves avec de la naphtaline avant d'y déposer celles-ci, en saupoudrant de ce préparatif les pommes de terre conservées pour être replantées, en introduisant pendant la plantation au printemps une certaine quantité de naphtaline dans le sol, et en conservant les tubercules destinés à l'alimentation dans des caisses fermant exactement, et contenant de cette même substance, mesure surtout recommandable dans les années humides. Il n'y aurait selon moi pas lieu de craindre qu'une odeur ou qu'une saveur désagréable rendent immangeables les pommes de terre ainsi traitées, vu que la cuisson ferait évaporer immédiatement toute trace de naphtaline.

3° On sait que les mordelles ou puces de terre causent un immense préjudice en dévorant les toutes jeunes plantes, très délicates encore, en première ligne celles appartenant à la famille des crucifères. Dans les contrées où la betterave est cultivée en grand pour la fabrication du sucre, il n'est pas rare de voir toute la récolte compromise par les ravages de ce coléoptère. L'application de la naphtaline est fort simple dans ce cas : à l'époque où les jeunes plantes atteignent la surface, on parsèmera le sol de cet insecticide, qu'on n'enfouira que superficiellement ; cela suffira pour se débarrasser de la présence funeste des mordelles. La naphtaline s'évapore si lentement, qu'après l'avoir ainsi semée, on en retrouve l'odeur caractéristique pendant 8 à 10 jours, période qui suffit, comme je l'ai constaté moi-même au printemps de 1882, pour permettre aux jeunes plantes de se fortifier d'une façon convenable et pour mettre les mordelles hors d'état de leur causer un dommage sérieux à l'avenir.

4°. Au printemps de 1882, je fis répandre une petite quantité de naphtaline derrière un foyer, dans le but de détruire les blattes des cuisines (*blatta orientalis*) parquées là par centaines. Une minute n'était pas écoulée, que ces insectes s'enfuyaient tumultueusement. Beaucoup d'entre eux étaient déjà étourdis par les vapeurs de naphtaline à ce point, qu'on put les rassembler avec un balai pour les tuer ensuite. En choisissant pour cette opération la saison froide, il serait possible de détruire en une seule nuit tous les insectes se trouvant à un endroit donné ; car en quittant l'endroit dont la chaleur leur est indispensable pour vivre, et dont les chasse la présence de la naphtaline, les blattes périssent de froid.

En s'aventurant sur un terrain étranger à la médecine, et en généralisant des recherches primitivement entreprises dans un but médical exclusif, l'auteur du présent travail n'avait en vue que le bien-être de l'humanité, intimement lié à tout progrès de la science. Il espère donc qu'on ne lui en voudra pas d'avoir empiété momentanément sur un domaine qui n'est pas le sien.

Strasbourg, J. H. Ed. Heitz, imprimeur de l'Université.

Bei Fragen zur Produktsicherheit wenden Sie sich bitte an:
If you have any questions regarding product safety, please contact:

Walter de Gruyter GmbH
Genthiner Straße 13
10785 Berlin
productsafety@degruyterbrill.com